智元微库
OPEN MIND

成 长 也 是 一 种 美 好

越整理，越轻松

只需 4 步，
面对混乱不再无能为力

蚂小蚁 / 著

人民邮电出版社

北京

图书在版编目（CIP）数据

越整理，越轻松 ：只需 4 步，面对混乱不再无能为力 /
蚂小蚁著. -- 北京 ：人民邮电出版社，2024. -- ISBN
978-7-115-65037-5

Ⅰ．B842.6-49

中国国家版本馆 CIP 数据核字第 2024CE7313 号

◆ 著 蚂小蚁
责任编辑 杨汝娜
责任印制 周昇亮
◆ 人民邮电出版社出版发行 北京市丰台区成寿寺路 11 号
邮编 100164 电子邮件 315@ptpress.com.cn
网址 https://www.ptpress.com.cn
北京盛通印刷股份有限公司印刷
◆ 开本：880×1230 1/32
印张：9 2024 年 10 月第 1 版
字数：235 千字 2025 年 11 月北京第 3 次印刷

定 价：69.80 元

读者服务热线：（010）67630125 印装质量热线：（010）81055316
反盗版热线：（010）81055315

赞誉

伴随着社交媒体的发展，网络上充斥着各式各样的"极致收纳"的短视频。其实，我们普通人的家，并不需要做到极致收纳，反而更需要宽容收纳。蚂小蚁老师的这本新书，从普通人的日常居家生活出发，将整理的逻辑娓娓道来，不刻意激发读者的收纳焦虑，而更注重生活的实际情况。

——逯薇　居住研究学者、百万畅销书作家、建筑师

这不是一本教你如何整理才能把家收拾干净的书，而是一本探索整理的本质，并让你通过动手将整理思维应用到人生方方面面的书。买它，看它，实践它，你不仅能得到一个有秩序的生活空间，还能得到一个逻辑清晰的大脑。

——万勇　草三冉设计咨询有限公司创始人、
日本积水住宅株式会社（SEKISUIHOUSE）特聘住宅结构技术专家、
专栏作家、暨南大学客座讲师

蚂小蚁的"慢整理"理念，走在了理性和感性的十字路口。慢整理是热腾腾的生活，更是居家的修行。让我们马上开始学习整理吧。

——王小川　百川智能创始人

在竞争激烈的后黄金时代，本书中的整理方法对于每一个人的意义与价值变得尤为重要，它让你我放下时间、精力与心理的负累，清心出发，轻装上阵，更轻松地获取能量、消解困惑，迎接小小的幸福与成长。隆重推荐！

——郭耀峰　蓝色光标集团首席策略官

打开蚂小蚁的这本书，你就开始了一种新生活。在这幅生活的画卷里，没有慌张，没有辗转反侧，有的只是怡然自得的从容与畅通无阻的能量。

——**伍越歌**　1000 个铁粉体系创始人

整理，不只是对物品的重新归置，更是一种生活与工作的思维模式。蚂小蚁的这本书，字里行间充满着对生活的热爱与思考，好似夏日里的一缕绵柔清风，让人感受到生活的有序、清晰与美好。

——**一直特立独行的猫**　青年作家

整理房间，就是在整理自己的人生故事，让我们的心灵从快节奏时代中慢下来。蚂小蚁老师的这本书助你重构眼前的生活，让一切都变得轻盈有力，逐步接近理想的自己。

——**闫晓雨**　"95 后"畅销书作家

俗话说得好，"整理房间就是整理自己"，蚂小蚁老师将心理学理论融入整理，让我开始重新审视自己与物品的关系，去感受生活的有序与可持续性。无论你从事什么职业，都能从中获得启发，实现从混乱到有序的转变，提升生活质量，享受更加宁静和充满活力的日常生活。

——**唐婧**　心理咨询师、催眠治疗师、心理学作家

序言

用看得见的世界疗愈看不见的内心

在做整理师之前，我的职业是通信工程师。

在研究生毕业后，我进入一家研究所工作。工作不累，研究所离家很近，同事也好相处。唯独有一件事情令我难以接受，那就是研究所要求员工加班，每周一、二、四晚上以及周六全天，无论你的工作干没干完，人都要在研究所待着，各个部门把加班数据作为评判业绩好坏的标准之一。

一开始我觉得还不错，如果工作干完了，加班的时候就上上网，看看小说，和同事聊聊天。那时候我还很年轻，没结婚、没生孩子，不回家就不回家了。后来我慢慢发现，我大大低估了加班这件事情对我的负面影响。

反正要加班，那工作就慢慢做吧，我开始拖拖拉拉、心不在焉地做各种事情。执行力原本很强的我，做事效率变得越来越低，内心想着"早干完了也得在研究所待着"。上网和看小说，对我来说也逐渐变得没有一开始那么有趣了。我天天把"没意思"挂在嘴边，玩什么都觉得提不起精神，对什么事情都没有兴趣。

有一天，我看到了一家公司的招聘启事，招聘的是我喜欢的岗位，薪资更高，工作时间更自由，上下班也不需要打卡。我觉得改变的机会来了，于是开始写简历，复习专业知识，疯狂补习英语口语。辛苦准备一个月后，我顺利通过了这家公司的面试。

就在我满心欢喜等待 HR 通知的时候，我却得到了一个坏消息——这家公司因为某些原因，突然冻结了所有招聘名额。好不容易点燃的热情又被浇灭，我本以为马上就能迎来改变，却要继续忍受现状，这让我的心情再次跌落谷底。

我还记得那是一个夏天的傍晚，虽然已是傍晚，但距离规定的下班时间还有几小时。我和之前一样，在办公桌前百无聊赖地趴着熬时间。夕阳透过窗户，带着暑热的余温照到了我的身上。我抬起头，看到自己的桌子上堆满了像小山一样的工作资料和乱七八糟的杂物，几株绿萝从夹缝里露出叶子来，它们久未浇水已经开始变黄，垂头丧气地耷拉在一堆废纸上……

这还是我的桌子吗？曾几何时，它可是整个办公室的"整洁标兵"啊！

我猛地坐直了。

工作的事情该怎么办，我也不知道，**但我想先把自己的办公桌收拾好，让自己别那么烦躁。**

我开始一点点地收拾办公桌：把用完的资料扔掉，把文档分类装好，把文具收回盒子里，擦干净桌子，给绿萝浇水……这都是我曾经非常熟悉和擅长的事情。

看着整洁清爽、重新恢复生机的桌面，我心情很舒畅，那是一种久违的安宁的感觉。我准备开始做手头待办的工作。没想到就在这个时候，神奇的事情发生了！我的手机响了，我按下通话键，听到对方说："您好，我是之前跟您联系的 HR，现在我们公司恢复了原有的招聘计划，请问您下周哪天有空过来面谈？"

于是，我顺利跳槽到心仪的那家公司，不仅工资涨了 60%，还摆脱了加班的阴影，很快就恢复了自己高效的工作风格，有了更多的时间用来做自己想做的事情。也正是在这家公司的企业大学平台，我作为内训师讲了自己人生的第一堂整理课程——"从整理术到结构化思维"，为后来走上职业整理师的道路埋下了一颗种子。

直到现在，我都把这一切归功于自己那天傍晚心血来潮地整理了自己的办公桌。

我并不想说整理是什么神奇的"魔法"——类似这样的事情，我的确从我的客户和学员那里听到过很多，比如收拾好了自己的家后，便很快升职加薪、疾病康复、遇到真爱……生活的其他方面也变得更好了。

我想说的是，如果没有那个电话，我又会变成什么样呢？

相比于我那次的好运气，得不到的机会、完不成的任务、实现不了的目标才是人生中的常事。我们在人生中遇到的大部分事情，都在自己的控制之外。

但我们又想对周围的事物有足够的控制感，当这种控制感缺失的时候，我们就会陷入焦虑，出现负面情绪。如果长期处在失控、挫败、无力的感觉中，还会出现抑郁、精神疲惫等各种心理健康问题。

心理健康问题已经越来越年轻化。根据《中国国民心理健康发展报告（2021—2022）》的数据，青年是抑郁症的高风险群体，特别是 18~24

岁年龄组的抑郁风险检出率达到了 24.1%。

曾经有一位初中生的妈妈来找我们帮忙整理她的家，在我们去她家之前，她专门提醒我：孩子正处在青春期，家里的气氛剑拔弩张，可能会出现一些沟通的问题。果然，在我们开始整理之后，孩子表现得非常不配合，最后扔下一句"不准动我的东西"就自己出门了。

这位妈妈跟我说，大概是因为之前有好几次，她瞒着孩子偷偷扔掉了他的东西，所以孩子对收拾屋子这件事特别反感，经常因为这件事情和她吵架。现在，对于学习上的事情他们也冲突不断，有时候哪怕她只是随口问一句，孩子的反应都非常激烈。她看到网上有很多有关青少年患抑郁症的新闻，感到非常焦虑，状态也变得很不好，经常失眠，最近正在看心理医生。

听到这个情况，我非常替她担忧，但我并不是育儿专家和心理专家，只能通过我们力所能及的事情——把她的家整理好来帮助她。我们没有动孩子的个人空间和个人物品，只是把她家里的公共空间整理妥当，并且把妈妈原本塞在孩子衣柜里的、暂时不穿的衣服全部拿回了她自己的房间。

在我们完成服务约一个月后，这位妈妈给我发来消息说，家里整洁之后她的心情轻松多了，做家务的时候也没有那么烦躁了，有时候还会在家里跟丈夫喝喝茶，也时常在客厅摆上鲜花。在新学期开学前，孩子把自己关在他的房间里一整天，把屋子收拾得整整齐齐，把那些好几年都不让她动的小时候的玩具，装到垃圾袋里扔掉了。一家人还第一次一起坐在餐桌前平静地对孩子的新学期计划进行了交流。

这样的反馈，在我服务过的家庭里并不是特例。父母通过退出与孩子之间的物理边界，把空间和物品的掌控权交还给孩子，让孩子重新感受到自己是有力量的，进而缓解了各自的心理问题，并改善了亲子关系。

心理学的许多实验都证明了物理环境对人的行为的影响非常大。当一个人总是忍不住吃薯条、喝可乐的时候，我们只要把这些食物都收到橱柜里，把更健康的水果摆出来，就大概率能影响他接下来对食物的选择。当他的行为发生改变后，对一致性的需求会让他在选择食物时的态度也发生自然的转变，这个人可能会比之前更加认可"应该多吃些水果"这件事情。

环境引导行为，行为塑造态度，当我们内心的态度发生变化后，就不受具体环境的影响了，我们会反过来主动调整环境来和我们的内在需求达成一致。这就是整理可以最终撬动我们的生活状态的原因（见图 0-1）。

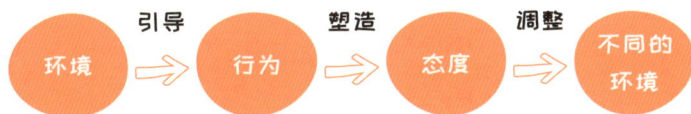

引导 → **塑造** → **调整**

环境　→　行为　→　态度　→　不同的环境

图 0-1 ›››
"环境-行为-态度-环境"链

心理学家乔丹·彼得森（Jordan Peterson）说："我们能为自己做的最好的事情，就是清理自己的房间。"因为你的心乱了，所以你的房间才会乱，但解决方案的因果关系却恰恰相反：**当你的房间变整洁了，你的心可能就不会那么乱了**。

相比于让人捉摸不透的内心世界，我们身体所处的物理环境是具体的、真实的、可以直接触达的。当你被乱七八糟的想法和焦虑情绪困住的时候，不妨先从手头的事物开始，**去改变一下真实世界，整理看得见、摸得着的空间和物品**，也许会有意想不到的收获。

经常有人问我，整理师这个职业给我带来的最大收获是什么，我的回答都是一样的："让我不再羡慕任何人的生活。"在一个比较成为家常便饭的环境里，我们总是在和他人的比较中迷失自我，认为只有持续地在比较中获胜，才能过上幸福的生活。但事实上，"更多、更好"和"更加幸福"并没有绝对的关联。

阿德勒曾说过："最重要的不是拥有什么，而是如何使用已经拥有的。"在如今这个时代，我们遇到的大部分问题都不是因缺少资源所致的，而是因无法使用好已经拥有的资源所致的。我们不是无法更好地展望未来，而是无法更好地活在当下。去解答"如何才能拥有更多"这个问题，你可能需要天时地利的配合；但想要解答"如何使用已经拥有的资源"这个问题，学会整理就可以得出答案。

即使我后来没有得到那份心仪的工作，我也可以从内到外重新梳理自己的状态，做好眼前的工作，把强制加班的时间都利用起来提升自我，以便在下一个机会到来时，再抓住它……能不能得到那份工作，不是我可以控制和改变的事情。但只要我有自我整理的意识和能力，就可以让自己的小世界保持井然有序、积极向上。而这一切，从"收拾一下办公桌"开始，就可以启动。

从 2020 年开始，我在线上讲授一门叫作"慢整理"的训练营课程，在这门课程里，我对从事整理师以来积累的真实的上门服务案例和对整理的思考，进行了系统的拆解和分享。"慢整理"没有止步于讲解传统的收纳技巧，而是更多地把整理术拓展到了思维方式、心理探索的领域。这门课程的学员来自全国各地，甚至还有来自大洋彼岸的朋友，他们中有公务员、教师、警察、心理咨询师、艺术家、自由职业者、家庭主妇……这些学员给了我非常好的反馈，他们不仅在自己家里实践了整理术，还把整理的思维方式运用到了生活的各个领域，帮助自己更好地学习和工作，改善亲密关系，提升自我能量。

- 为什么追逐秩序感是我们永恒的课题？
- 为什么说"整整齐齐"并不是一个合理的目标？
- 整理过程中的每一步，本质上都是在做些什么？
- 为什么我们从 3 岁就开始学习分类，到了 30 岁还是没学会？
- 为什么人人都想断舍离，能做到的却寥寥无几？
- 如何规划一个真正能服务于我们日常生活的收纳系统？
- 如何把整理的思维方式运用到生活的其他方面？
  ......

这些就是我在本书中将要为你解答的问题。

我遇到的大多数为混乱所困扰的人都非常着急，他们总想立刻得到一个整整齐齐的结果，以缓解内心积攒已久的压力和焦虑。这和我们在生活中遇到的其他问题如此相似，整个社会以忙碌为荣耀，所有人都在比谁更快。虽然心理治疗的效果早就得到了社会的认可，但很多人依然觉得它起效不够快，期待更快速和高效的方法。殊不知**心理问题的源头，可能恰恰就是越来越快的生活节奏**。

　　加拿大女王大学英文系的两位教授在《慢教授》这本书中提出了一种"慢文化"，它以平衡为美，且敢于质疑对生产力的追求。作者认为，时间并不是一种奢侈品，而是我们行动的必需品。经由"慢"的过程，日常生活都能得到关怀，它是有意义的、可持续的，并且令人愉悦的。

　　这就是我把自己的课程叫作"慢整理"的原因。慢整理将帮助你在整理的道路上缓缓前行，在每一个反复困扰你的关键点上抽丝剥茧，帮助你审视、深思、贯通……它靠时间来产生质的改变，它的成果也经得起漫长时间的考验。

　　在我们的人生中，大多数值得做的事情并不会那么快就得到结果。真正的改变，不是一个瞬间的念头带来的结果，而是持续付出的过程。你会发现，一旦放弃了催熟的压力，一切便会自然而然地开花结果，你一直期待却无法实现的事，也会水到渠成。

目录

第六章

CHAPTER

06

收纳　为了新的目标，重构模型

第七章

CHAPTER

07

生活　拥抱变化，轻松前行

CHAPTE

R 01

第 一 章

心 态

井井有条，是生命力的体现

维持整洁是"伪"工作吗 ■□

　　我在豆瓣上看到过一个话题："你做过哪些'伪'工作？"下面有一条高赞评论来自一家服装店的店员。他说，晚上关门之后收拾店铺，店里要求把同一列挂着的衣服按照同样的间距隔开，并把每一件衣服叠得一模一样。

　　如果你在早晨商场刚开门的时候进去店里，就会获得极其舒适的视觉享受。但 2 小时后你再去店里，尤其是在人流量高峰期，则很可能看到完全不同的情景：衣服被翻得乱七八糟，胡乱地堆在一起。店员昨晚的劳动成果毁于一旦，更令人绝望的是，同样的事情店员在今天晚上还要做一遍。如果你是昨天整理这些衣服的店员，内心一定会产生**"我究竟在做什么"**的无意义感吧。

　　如果你是家里的"整理担当"，每天负责维持家庭环境的整洁，那么你对这种无意义感一定不会陌生：昨天好不容易收拾好了，今天下班回到家，玩具又被扔了一地，脏衣服又出现在了沙发上，门口又堆满了快递，瓶瓶罐罐又在餐桌上排起了长队……你拖着工作了一天后疲惫的身心，收拾打扫一番，但不出意外，第二天回来，迎接你的还会是同样的场景——就像昨天的努力从来没有付出过一样（见图 1-1）。

　　"整理好了也没用，过几天就乱回去了。"每次在网上分享整理的成果，我都会收到这样的评论。我很生气，他们说对了！在每一次整理课

程开始前，我都会让大家填写他
们最大的困扰是什么。经过统计，
其中 77.5% 的人最大的困扰都是
"整了又乱，难以维持"。一瞬间
的整洁很多人都体验过，可以持
续的秩序却人人求而不得。

如果你有骑车上山的经历，
那你就能很好地体会这种"永远
无法休息"的感觉了。在上山的
斜坡上，我们要一直努力蹬车才
能前进。如果遇到特别陡的斜坡，
我们可能拼尽全力也不过是让自
己停在原地不滑下去，或者滑得
慢一点而已。

让我们从山坡上往下掉的，
是重力；让我们家里变乱的，是
宇宙的一个基本规律。

图 1-1 ▶▶▶
我家乱七八糟的客厅

我们说这也乱，那也乱，整了还会乱……那么到底什么叫作"乱"
呢？早在 19 世纪，物理学家们就给"乱"下了定义：熵。

"熵"被用来度量一个系统内在的无序程度。也就是说，越混乱，
熵就越高。

熵会随着一个系统的可能状态数的增加而增加。一个整齐的房间渐

渐变乱的过程，其实就是这个房间的可能状态变多的过程。东西原本都有固定的位置，但住着住着，衣橱里的衣服就"跑"到了沙发上，杯子都"赖"在茶几上不回去，鞋子在门口"聚众聊天"，袜子"躺"在任何可能的地方……这就是"熵"在生活中的体现。

经过研究，科学家们发现了一个关于熵的事实：在孤立的系统中，熵总会趋向于增加或保持不变——这就是著名的熵增定律。不只是你的家，你隔壁邻居的家、明星的家、成功人士的家、整理师的家……如果任其自由发展，一定都会越住越乱，一个也逃不掉，在这个基本规律面前人人平等。

我们总是抱怨"收拾好了没过多久又乱回去"，虽然这好像是一件难以理解的事情，但它就像人吃饱了还是会饿，喝了水过一会儿又会渴一样正常，是在这个宇宙的每一个角落里一直都在发生的事情。本来准备好穿某件衣服，出门前突然发现衣服的拉链坏了；到了公司打开邮件准备工作，突然接到一个电话让你去处理一项紧急业务；晚上回到家做好晚饭，孩子突然说今天不太舒服没有胃口……我们的人生就像一桌永远在自动洗牌的麻将。

从现在开始，让我们从另一个角度来看待一切吧：**"乱"才是自然发生的、正常的状态，才是这个世界上万事万物的本质**。我们并没有做错什么，只需要调整自己对这个世界的预期，并采用和以前不同的应对方式。

在减肥的道路上，我也曾经把"减一次就再也不反弹"作为目标，结果屡战屡败。直到有一天，一个坚持健身的朋友跟我说了一句话："一旦你决定保持身材，那就是一辈子的事。"同样地，"一次整理，永不复乱"也是一种不切实际的幻想。

　　一个完全不能接受体重反弹的人，是很难长期保持身材的。同样地，只要乱一点就受不了的"强迫症"，也不能算是整理高手。正如林语堂先生所说，在山中过生活的只是第二流的隐士，还是环境的奴隶。一个完全不能接受混乱的人，对整理的认知是有欠缺的。

　　如果说不断地叠好被弄乱的衣服是一项"伪"工作，那么我们的整个人生可能都要一直面对和处理这样的"伪"工作——并不只是在收拾屋子的时候。一旦你把维持一个有秩序的状态作为目标，你就要一直在实现这个目标的路上不断前行。

　　学习整理的第一课，就是要**接受"整了又乱"这件事**。虽然这是一个让人有点绝望的事实，但我们都知道，接受事实，改变才会开始。

用最少的努力去最大程度地对抗熵增 ■□

　　虽然熵增定律让人绝望，但它还有一个前提条件：在孤立系统中。虽然我们不能抵抗让自己从山坡上往下掉的重力，但我们可以努力蹬车让自己不要掉下去；虽然我们不能阻止"熵增"这个基本规律在自己的周围发生，但我们可以想办法干预它。

从整齐到混乱是自发的过程，相反，从混乱到整齐则需要付出额外的努力。就像在重力作用下走下坡路一样，一切顺应熵增的事情都非常舒服，比如随便让家里变乱、暴饮暴食、懒散自弃；而像努力向上爬坡一样，对抗熵增的事情一定是痛苦的，比如维持整洁、保持身材、勤奋自律。

那么，我们为什么非要努力做一些让自己痛苦的事情呢？就放任自己，让房间乱下去不行吗？骑车上山既然这么辛苦，那就滑到山脚下好了。

"熵增的最终结果是什么"，科学家们对这个问题已经有了答案：熵增的最终结果是一个孤立系统的消亡和死寂。理论物理学家卡洛·罗韦利（Carlo Rovelli）说，没有低熵，能量会被稀释成相同的热量，世界会在热平衡态中睡去，过去与未来不再有分别，一切都不会发生。

如果你已经有 200 件衣服，还继续不断地买衣服，直到拥有了 2000 件衣服，并且你从来不对衣服进行管理，任由它们随意堆在一起，从衣橱里溢出来……那么事情发展到最后，就等于你没有衣服。如果任一切事物自由发展，房子会变得再也不能住、机构会变得失去活力、系统会变得无法运转、恒星会消亡……我们幻想着放弃一切滚落到山底，但山底从来都不是可以舒服地休息的宝地，而是一切的结束。

在物理学中，熵增定律是唯一一条能够把过去与未来区分开的定律，因为它不可逆。也就是说，只有它，才能让我们感受到时间的流逝，感受到过去与未来的不同。

《溯源探幽：熵的世界》中讲道："现代文明实际上就是千方百计想

出各种办法，在不违背自然规律的情况下，减少系统的熵。"世界运转需要的不是能量，而是低熵。生命本身就是低熵状态的最高表现。我们之所以做这些看起来痛苦的事情，不是因为我们非要吃苦受罪累死自己，而是因为我们活着。

从来不做任何运动的人，几乎是不存在的；从来不做任何整理的人，也几乎是不存在的。我们在人生的方方面面，都在或多或少地做着对抗熵增的事情，只有这样，我们才能生存下去，生活才可能得以继续。

差别只是在于，我们用的方法不同，我们的效率也不同。

我还记得小时候的夏天，和妈妈一起躺在凉席上吹电扇时，她感慨地说："我们小时候天气热，要一直扇扇子，那时候我常常想，什么时候可以不用手扇扇子就好了。"正是为了实现这样的愿望，电风扇、洗衣机和扫地机器人被发明出来了，人们无须一直停留在努力扇扇子、洗衣服和擦地的时代。我们也可以用同样的方法来搞定整理。

整理就像骑车上山，虽然每个人都在蹬车，但体力差的人蹬得吃力，体力好的人蹬得轻松，而聪明的人会想办法给自己的自行车装上一个"发动机"。

从小到大，我就是一个特别爱收拾的人，有了自己的小家后，每到周末，我都要打开音箱，边放自己喜欢的音乐，边把家里彻底收拾一番。这项工作几乎每次都要占用我大半天的时间。虽然挺享受，但如果有选择，我还是更想躺着听音乐。

后来，我学习了更科学的整理方法，建立了适合自己的收纳系统。我发现每天只需 10 分钟，就可以让家里恢复原状（见图 1-2）。现在我

图 1-2 >>>

我家的餐厨置物架

008

再也不需要每周末花费大半天时间来做这件事了，周末在家躺着听音乐变成了可以轻松实现的事情。

这个只需每天 10 分钟就可以维持的收纳系统，就是我给自己的自行车安装的"发动机"。就算是整理师的家也逃不过熵增，我不能停止蹬车，但有了这个"发动机"，我轻轻一蹬，就可以骑很远。哲学家罗素说过："去了之后必须回来，并不能证明去不如不去。"同样地，整理了会乱，并不能证明不如不整理。只要我们将物品归位的效率足够高，我们的大部分时间就可以用来享受整理后的成果，一切就都值得。

请记住，接下来我分享的所有方法，都不是教你如何更加努力地蹬车，而是如何给自己设计一个好用的"发动机"。真正的整理，不是"一次整理，永不复乱"，而是"**高效整理，减少复乱**"，是用最少的努力，最大程度地对抗熵增。

整理改变的不只是环境

需要加班的那份工作是我的第一份工作。还记得我作为实习生第一天到公司，就发现自己所在的部门是一个新成立的部门，我的上司也是新任命的。也就是说，我当时是那个部门唯一的员工。当时我心里很忐忑，要知道，那时候我还没有毕业，没有任何工作经验，就等着到公司找个前辈请教。

　　我坐在自己人生的第一张办公桌前，对着电脑里上司发给我的一堆乱七八糟的旧资料发呆：我该怎么开始呢？不管了，先整理一下吧。于是我把所有资料全部放到一起，一篇篇地通读。我一边读，一边根据内容把资料分别复制粘贴到几个不同的文档里，然后对这些文档进行二次梳理，把它们画成图表或者整理成文字，最后制作了一个幻灯片。

　　这个幻灯片里都是已经有的信息，并没有什么新鲜内容，我本来只想用最笨的方法做点成果出来，结果我却发现，经过这个过程，我对我要做的工作有了深刻的理解，不仅把该弄清楚的东西都梳理得差不多了，而且知道接下来自己该怎么做了。

　　很久以后我才明白，那个时候，就是**整理的思维习惯**帮了我大忙。

　　正如《佐藤可士和的超整理术》一书所说的："不是一心祈求没有的东西，而是应该试着重新排列目前手边的材料，只要整理、掌握现有信息，多半就能解决问题。"相比于"等我得到什么，就一切都会好了"这种思维方式，整理的思维方式要可靠得多。如果你只是把它用来收拾一个房间，就太小看它了。

　　同样的植物，根扎得越深，它就长得越高大茂盛。如果我们想让一个技能发挥最大的效果，延展到生活的方方面面，真正内化为自己的技能，就要更加深入地挖掘它的底层逻辑，掌握它背后的思维方式。

　　如果盯着吃什么练什么，减肥就只是减肥，但是如果能够看到减肥背后制造能量差的逻辑，减肥就可以被平移到生活的其他方面。例如，人们经常说的断舍离，其实就是打造家居环境的能量差。只考虑用什么盒子、怎么叠衣服，整理就只是让房间变整齐。如果能够看到整理背后熵减的逻辑，整理就可以被运用在生活中的其他地方。

事实上，不只是整理房间，从小到大，我一直在用整理思维去应对学习、考试、工作和生活中的各种挑战。我的很多学员在学习了整理思维之后，也把它用在了自己的学习、工作、生活中，有人每次出去旅行都会用它来制订出行计划，有人用它解决和家人在沟通中存在的问题，有人用它梳理自己的情绪……我在儿童整理课上，还会教小学生用整理思维来写作文和做假期计划。

虽然很多人都知道学会整理思维的重要性，但整理思维本身是看不见摸不着的，我们很难直接对它做出改变。因此，我们才要从整理家居环境这个场景入手，借由这些实实在在的东西，去体会自己思维和心理状态的变化。

在本书中，我在分享整理技巧的同时，也会尝试从思维和心理的角度进行讲解。你会发现，整理其实是一门一通百通的学问。这也是我决定从事整理师这个职业的初心，我想把给我带来巨大帮助的整理思维分享给更多的人。我一直认为，虽然家居收纳只是少数人关心的课题，但整理思维是对人人都有益的方法论。

在我看来，整理不是突破上限的神奇技能，而是提高下限的能力。它让我们审视已经拥有的一切，去重新排列、筛选、组合，最终找到答案。它让我们从寄托于外界不可知、不可控、不可得的一切，转向内求，去看到、珍惜、用好已经拥有的资源。它让我们通过环境影响行为和感受，从外在介入内在，**用看得见的世界疗愈看不见的内心**，从而提升我们的能量（见图 1–3）。

物理学家路德维希·玻尔兹曼（Ludwig Boltzmann）认为，虽然宇宙整体上是熵增的，但局部的熵减是存在的，而且正是因为局部熵减，地球上才能诞生依赖于负熵的生命。在本书中，你会看到"熵"这个词反复出现。在这里，我们并不是从物理学定律的角度来分析它的科学含义，而是把它当作哲学概念，来帮助我们重新看待自己所处的这个大大的世界和每天小小的生活。

虽然在自然规律面前，我们是渺小的，但在自己的问题领域内实现熵减，让一切变得井然有序，让有限的能量得到最大的利用，是我们每个人都有能力做到的，也应该为自己做到的事。

能做好整理的人，都是有生命力的人。

图 1-3 服务案例 >>>
整理好的空间让人感到生机勃勃

CHAPTE

R 02

第 二 章

出 发

行动前，先设定合理的目标

定义问题时，差距就已经拉开 ■□

① » 不是为了"改变"，而是为了"实现"

我曾经在网上看到这样一则新闻：派出所接到酒店的报警求助，说一位长租客从不允许保洁进房打扫，酒店担心有安全隐患。警察进房间后发现，十几平方米的房间里堆满了生活垃圾和衣物，床上一半地方都是空了的方便面盒、吃过的外卖、穿过的衣服和各种空饮料瓶，一个打开的牛奶盒已经发黑长霉……大家想要帮忙收拾打扫一下，但住在这里的姑娘拒绝了，她说："我不喜欢别人动我的东西。"

相信看到这样的画面，大部分人的内心都是崩溃的："她是怎么忍下去的？"其实这是个误解，对她来说，根本就不需要忍，她早已在这样的环境中丢失了觉察的能力。她根本不觉得脏，也不觉得乱。

你是否有过这样的经历？从某个时刻开始，你好像一个从书里跳出来的人物一样，用旁观者的视角观察自己。对于那些别人曾经表示"你怎么能这样"的事情，你也突然感觉"对啊，我怎么能这样"。**觉察的这一刻，就是整理的起点**，但也只是整理的第一步。

我的一位学员的家是 3 层楼房，但她不停地购物，家里的空间已经被塞得满满的，很久没有整理了。她觉得待在家里很不舒服，还是酒店整洁的环境更好，就经常出去住。"我知道房子很乱，我也知道它已经严重影响了我的生活，但我还是每天就这么将就着过，或者干脆通过不回家的方式来逃避。"她明明感知到了问题的存在，但是拒绝接受，就像鸵鸟一样，把头埋到沙子里，假装没有看见，假装事不关己。

接受并承认问题的存在需要勇气。

是的，我的家就是很乱。

是的，我的生活失去了节奏。

是的，它对我造成了不好的影响。

能做到这些，你就把很多人甩在了身后。

下班回到家，看到家里乱七八糟，你立刻开始动手整理。如果你有这样的习惯，就已经超过了 99% 的人，从知道到行动，隔着这个世界上最远的距离。即使你没有掌握最好的方法，**只要你愿意行动起来，结果都不会太差**。

但我们也要看到，改变与改变之间也有很大的区别。

改变结果不如改变原因，改变原因不如改变模型。你在家里，腿磕到桌子流血了，你的第一反应肯定是止血，这是改变结果；下次走过那个桌子的时候小心一点，不要再磕到，这是改变原因；发现桌子就不应该摆在经常走来走去的地方，调整空间的布局，这是改变模型。

《佐藤可士和的超整理术》提到，表面应付无法解决真正的问题，对症下药无法根除病原。家里乱了就赶紧收拾一下，这种应对方式往往是低效的、徒劳的，这只是在改变结果。

我们先思考一下，家里为什么会乱？你认为，是因为最近工作太忙，用完的物品都随手一放没有整理；或是因为最近心情不好，买了很多不需要的东西。因此，你给自己定下一个规矩：下次再也不要随手放了，下次再也不乱买了。但很快你会发现，靠"再也不"这 3 个字也坚持不了多久，你只是在改变原因。

最好的方法是改变模型。停下来，想想有什么办法，建立一个真正符合自己生活习惯的收纳系统，让每一件物品都定位在更合理的位置，找到更适合自己习惯的工具，设定一个自己可以做到的归位节奏。你既可以随手放，也可以买东西，但这个系统依然能轻松维护，持续地运转。

这个时候，我们对问题的定义才进入了终极阶段——我想过什么样的生活？实现那样的生活需要什么条件？我们从问题视角切换到了实现视角。

《条理性思维》中讲到，问题和实现是一件事情的正反面。如果是一个需要改变的问题，我们会将注意力放在研究症状和原因上。如果是一个需要实现的问题，我们会将注意力放在目标和条件上。一个人生病了，如果只盯着"我要治好病"这件事情，即使病可以治好，体验也是非常负面的。但是，如果我们尝试换个角度，把问题换成"我如何才能拥有一个健康的身体"，心态就会变得积极许多。

整理房间也一样，如果想法只停留在"我不想这么乱"，那么你很可能只会见招拆招，哪里乱了整理哪里，但是如果你对问题的描述变成了"我想要过上什么样的生活"，那么接下来你的整个思考过程都会不一样。你的角度会从被动变成主动，从弥补性思维变成创造性思维。虽然你做的事情可能没有本质的区别，但你改变了看待它的方式，后面的一切事情也就都不一样了。

② » 不要追求"形式"，而要追求"真相"

我曾上门做整理服务的客户肖先生给我发来消息，问我他家一个没有拆封的充电宝放在哪里。我告诉他"在次卧的抽屉柜里"。肖先生惊讶地说："你的记忆力真是太好了。"要知道，距离我们去整理他的家，已经过去 8 个月了。

自成为整理师以来，我服务过几百个不同的家庭，接触过的物品少说也有上百万件了。这上百万件的物品，都是我们亲手一件件拿出来，分类、梳理、筛选，再一件件收纳定位的（见图 2-1）。我几乎可以确定的是，其中任何一件物品的位置，我只要简单回顾一下工作记录，就可以回答出来。

图 2-1 服务案例 >>>
陈列美观的衣橱

真的是因为我记忆力超群吗？还是因为我们制作了一个清单，记录了这些东西的具体位置，只需搜索一下就可以查到？如果是这样，那我们只需努力地记忆和记录就可以了。

排列整齐的储物盒、排成彩虹色的围巾、朝向同一个方向的勺子、被清理掉杂物后摆上鲜花的餐桌……诸如此类的精心陈列，的确令人心生欢喜。但我们真正有价值的工作，并不在这些用眼睛可以看见的地方。

搬家时别人送的充电宝，没有拆封就被顺手扔了玄关抽屉里，和剪刀、药品、一大堆充电线混在了一起，在长达 5 年的时间里，它从来没有被拿出来使用过，却一直占据着家里最高效的位置。我们在整理的时候，把它找出来，让主人看见它，决定它的去留，把它跟它的同类放在一起，为它安排一个最妥当的位置。

如果一个人家里有 3000 件物品，那么这些事情就要重复 3000 次，最后要保证一切都各居其位，彼此和谐共存，为生活需求服务。更重要的是，在未来日复一日的生活中，这种状态依然是稳定的、可以复原的。

这才是整理最大的功劳——建立**经得起时间考验的、可以维持的结构和秩序**，而不只是炫目的视觉效果。如图 2-2 所示的服务案例，是一个兼顾玄关和消耗品收纳的柜子，可以长时间维持在有秩序的状态。

我是怎么知道肖先生家的充电宝在哪里的呢？

作为知名企业的首席执行官（CEO），肖先生有很多商务上的礼品往来，我们在帮他做全屋收纳规划的时候，将无人居住的次卧作为储物间，把所有礼品、暂时留存的和未拆封的物品都收纳在了这里。这间次卧有一个大衣柜和一个抽屉柜，我们按照物品的体积进行分类，把大件的物品放在了衣柜，小件的物品放在了抽屉柜。

图 2-2 服务案例 >>>
兼顾玄关和消耗品收纳的柜子

　　缺乏关联的记忆是很难被提取的，我们不可能靠记忆去管理大量的物品和信息。我们需要通过系统的整理，把一切都纳入系统逻辑。有了这个相互关联的系统逻辑，即使已经完成整理几个月，甚至几年，我都能推导出客户家里的某一类物品在哪里。

　　对肖先生来说，花很多钱做精美的装修是很容易实现的目标，他更需要的不是在日复一日的生活中，每天到处去找一个充电宝、一根充电线，不是总因找不到而不停买新的东西回来，而是把自己的时间都节约出来，去创造更大的社会价值，去尽情享受属于自己的休闲时光。

　　我们都喜欢看漂亮的家居图，这无可厚非，但这只是在追求美，而不是在追求真相。在形式的世界，一切都是陈列和摆放，这叫作欣赏，是旁观者的体验。在功能的世界，我们的日常活动能够正常进行，不要有太多的压力和困扰，这是身处其中的使用者的体验。

我们的家，不只是用来欣赏和旁观的。

爱自己，也并不是把自己的生活拿去给他人欣赏，而是**爱护自己的时间和能量**。能够真正疗愈我们内心的，从来都不是一瞬间的惊艳，而是那份在细水长流的人生里**不会轻易坍塌的安全感和确定性**。

③ ⟫ 没有客观的"秩序"，只有主观的"秩序感"

如果你在家里负责收纳整理，那么一定听过家人这样抱怨："你一收拾我就找不到我要的东西了。""我就喜欢乱乱的，太整齐了觉得好有压力。"这个时候你一定感到委屈又难以理解：我辛辛苦苦把家里收拾得这么整洁，你怎么还觉得不舒服了呢？

这个时候，对方可能并不是在故意找碴。整整齐齐并不意味着感觉舒适，尤其是对不同的人而言，感受可能天差地别。

在我整理过的家庭中，有一些非常特别的存在。当我走进那些房子时，发现一切看起来都井井有条：窗明几净，墙上挂着漂亮的画，窗边摆着生机勃勃的绿植。这个时候我的脑海中就会冒出那两个问题：我是谁？我为什么会出现在这里？

有一次我遇到一位客户，她站在这样的房子的中央，满脸愁容地跟我说："我知道我家看起来很整齐，但我还是觉得心里乱乱的。"经过详细咨询，我们找到了这个问题的答案。每当我问她某个柜子里放了什么东西时，她都无法清楚地描述出来。也就是说，虽然面前这些护肤品、纪念品、书籍都摆得非常美观，但并没有让她产生简单清晰的秩序感。

去过玻璃栈道的人都知道，玻璃栈道其实是经过充分的安全测试的，人们走在上面的安全系数很高。但我们一旦站在上面，还是会战战兢兢，直打哆嗦，看到自己脚下就是万丈悬崖，我们的内心没有安全感。

安全并不直接等于安全感。同样地，整齐也不直接等于秩序感。

在《时间的秩序》中有一个很形象的比喻，在一列行进的火车上奔跑的孩子，相对于地上的人和车上的人，他的速度是完全不同的。这时候他的妈妈对他说："不要乱跑。"这句话指的并不是让他从火车上下去，相对于地面静止，只是让他相对于火车保持静止。

"熵"和"速度"一样，是一个相对量。因此，当我们跟孩子说"不要乱扔"的时候，这个"乱"只是我们心中的一个标准，这个标准可能跟孩子的标准是完全不一样的。

昨天晚上，我丈夫把袜子脱在了床边的地上。在我的认知里，脏袜子应该扔到脏衣篮里，于是我帮他把袜子扔进了脏衣篮，这样，我获得了自己的秩序感。但丈夫一早起来，去地上找那双袜子，却发现袜子没有出现在他预期的地方。他开始大叫："我的袜子去哪里了？"我对他的反应感到不理解：我明明把你的袜子收拾到了它应该在的地方。但对他而言，原本在地上的袜子不见了，如果不是他大概能猜到是我干的，那么他的感受用"这个世界崩塌了"来形容，也不算夸张。

即使在有点乱的自己家里，你也可能很快就能找到拆快递的剪刀，但如果你第一次去另一个人的家里，就算他的家再整洁、再漂亮，你也找不到想要的东西。虽然这个家看起来很美，但对我们来说，熵高得不得了。

《秩序整合设计：基于熵理论下的视觉信息整合设计研究》中讲道："无序和有序是一对相对的概念，无序是世界本来的状态，是客观的；有序是符合主体价值的状态，是主观的。不同的主体，有序的概念是有所差别的。"能让一个人体会到秩序感的环境，才是低熵的环境，它取决于内外信息的一致性。也就是说，当"你认为它是怎样的"和"它真的是怎样的"一致的时候，你才能找到你想要的秩序感。

并不是每个人都喜欢空无一物，或者东西摆放得整整齐齐的家，但**所有人都需要对周围的环境和自己的生活有掌控感**。心理学家菲利普·泰洛克（Philip Tetlock）说："我们需要相信自己生活在一个可预测、可控制的世界里。"人们喜欢一切尽在自己掌握中的感觉，这种感觉就好像坐在生活的驾驶座上一样让人安心。

因此，整理的根本目标是建立一个让自己维持在低熵状态的系统。

什么才是让自己维持在低熵状态的系统呢？

我在我的第一本书《爱上收纳》中提到了"信噪比"这个概念，这个词对你来说也许有点陌生，作为一名曾经的通信工程师，它是我在工作中频繁接触的一个词，是通信质量的主要技术指标之一。如字面上的意思，它指的是有用的信息和无用的噪声的比值。如果一个通信系统的信噪比太低，就会出现这边说的话，那边听不清楚，无法清晰获取信息的问题。

在我们的家里，带来秩序感的东西就是信息，带来杂乱感的东西就是噪声。信息是那些我知道的、我能控制的、我确定的、我想看到的东西，噪声是那些我不知道的、我不能控制的、我不确定的、我不想看到的东西。如果你现在在家里，可以放下书，环顾四周，看看所处空间中的物品，哪些对你来说是信息？哪些对你来说是噪声？

低熵系统，应该是**高信息、低噪声**的系统。整理收纳的终极目标，就是想尽一切办法，增加信息，减小噪声，完成从不知道到知道，从不可控到可控，从不符合预期到符合预期的转变（见图2-3）。

图 2-3 服务案例 >>>
不是要整洁漂亮，而是要高信噪比

我们已经知道了，秩序感是非常主观的东西，同样的环境，对不同的人来说有不同的体验。因此，这个低熵系统也是因人而异的，没有标准统一的答案。我们既要找到最适合自己的方式，也要在这个过程中考虑和我们住在一起的家人的感受，达到共同的"熵的最低值"。

收纳系统的 5 个问题阶段 ■□

从服务过的家庭中，我总结出了收纳系统的 5 个问题阶段（见图 2-4）。这 5 个问题阶段逐层递进，每一个阶段都是下一个阶段的基础，只要你能逐个跨越这 5 个问题阶段，就能收获一个非常理想的家。

①» 不知道：看不到又记不住

每一次和混乱战斗时，我们都要把东西全部摊出来。

即使这样的场面已经重复过几百次，但每当面对床上堆成一座山的衣物、铺满整个客厅地面的杂物时，我还是会忍不住感慨：人类为什么会需要这么多东西？

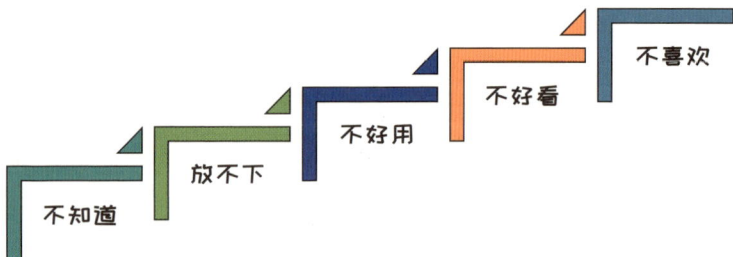

图 2-4 ▶▶▶
收纳系统的 5 个问题阶段

如图 2-5 所示，这些物品的主人也会像第一次看到它们似的，在旁边惊呼："我竟然有 50 双袜子！""我竟然还留着 10 年前的辣酱！""我上次找了很久找不到的衣服竟然放在了这个抽屉里！"我们还找出来过一小叠现金，而主人自己完全忘记了它的存在。

你知道自己拥有一些什么样的物品吗？让我们一起来做个测试吧。

请你拿出一张纸和一支笔，选家里的一个储物空间作为目标，凭你的记忆写下它里面大概有一些什么样的物品。不用具体到一支红色的笔、一件蓝色的毛衣，只需写下具体的种类，例如铅笔、毛衣就可以了。写完之后，请你来到这个储物空间，从上到下、从里到外清点一遍，看看自己刚才写对了多少？

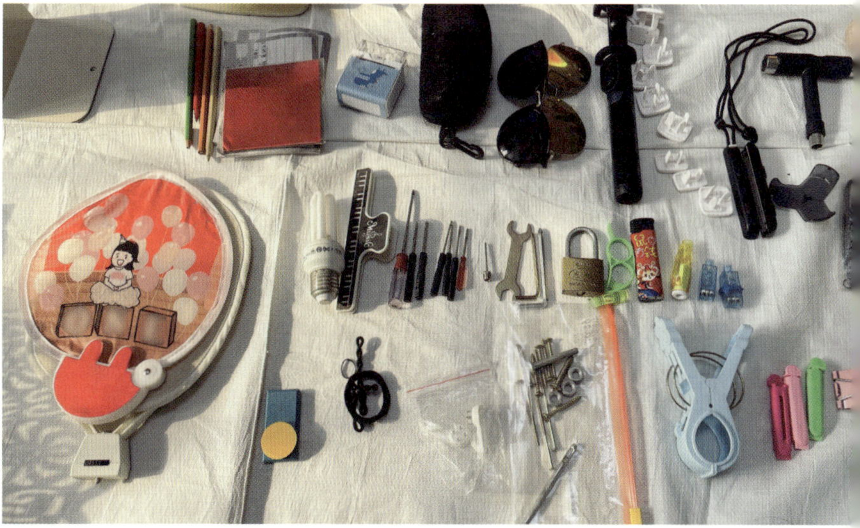

图 2-5 >>>
整理过程中发现很多"不知道的东西"

　　"知道自己有什么"是被大多数人忽视，却至关重要的问题。我曾经信誓旦旦地觉得这种情况绝对不会发生在自己身上，但有一次在和学员一起做练习时，我还是发现家里冰箱上的柜子里的一大半东西，我都没有写在纸条上。

　　《怦然心动的人生整理魔法》的作者近藤麻理惠曾经说，虽然很多人在整理房间的时候总是充满惊喜，在抽屉里发现早已遗忘的旧物，但她从来不会这样，她清清楚楚地知道自己在每个抽屉和柜子里都放了什么。

　　我们当然不需要把 100% 清楚家里收纳的细节作为标准，你能说对 80% 的收纳细节就算合格。但如果你连家里 50% 的物品都搞不清，甚至忘记了它们的存在，那我们就要好好地重新整理一下了。

　　如果在家里多做几次这样的测试，你还会有新的发现。

　　对家里不同的地方，测试结果可能是不同的。你对衣柜里的衣服如数家珍，却对储物间非常陌生，因为衣服天天穿，储物间里都是不常用的物品。你对自己的书柜非常了解，因为书柜放的基本是书籍，对客厅的抽屉柜却描述不出来，因为抽屉柜放的都是没有分类的杂物。

　　对于家里的同一个地方，不同人的测试结果也不一样。你对厨房的一切了如指掌，丈夫却以为家里这也没有，那也没有，天天往家里买油盐酱醋。孩子可以准确地说出自己的每个玩具柜里放了些什么，你却觉得放的都是一些乱七八糟的东西。

　　这很正常。每个人都有自己的生活重点，甚至有的人的重点从来都不在生活上。这能帮助我们解释很多问题，原来每天跟在我们屁股后面问"剪刀在哪里""胶带在哪里"的家人，可能只是因为他们的生活重点就没有放在这件事情上。

如果我们连家里有什么都不知道，那整个家对我们来说就是一个巨大的盲盒，熵一定是高的。这个时候无论学习什么收纳技巧，用什么收纳盒，物品摆放得有多整齐，都没有太大意义。

② 》 放不下：东西从柜子里溢出来

在去薛小姐家做咨询的时候，我就发现自己遇到了一块难啃的硬骨头。在这个不到 70 平方米的家里，物品的数量远远超过了它可以容纳的极限，每个柜子都被塞到爆满，物品从里面溢出来，被堆在地上、桌上，大部分的柜门都被挡住无法打开，能够打开的柜子我们也不敢打开柜门，只要开门，里面的物品就会哗哗地掉下来。

这个现状就是非常典型的"放不下"的问题。

在空间已经被完全塞满的情况下，想要靠收纳技巧来强行收纳物品，恐怕只有魔术师才能做到。如果你也是薛小姐家的这种情况，那就只有两个选择：一是增加空间，也就是扩容；二是减少物品，也就是扔东西。

在薛小姐家中，"放不下"的问题在客厅和次卧最严重，针对这两个空间，我们采取了不同的思路。

客厅里有一张双人床、一个红木沙发和两组柜子，东西都堆在地面上、沙发上、床底下。薛小姐家里有大量孩子的绘本和玩具，这些物品被分散在客厅的电视柜、沙发上、地面……没有专门的收纳空间。孩子的阅读需求摆在眼前，却没有好用的收纳空间，于是我们选择了扩容。

客厅里的大床是薛小姐和孩子日常休息的地方，正是这张占地面积巨大收纳空间却几乎为 0 的床，浪费了本可以用来收纳的黄金位置（见

图 2-6a）。因此，我们调整了空间规划，处理了这张床。孩子和薛小姐需要休息的时候可以回到主卧，偶尔需要独自休息的孩子爸爸可以去次卧。我们在客厅添置了一个大大的书柜，来收纳所有的儿童绘本（见图 2-6b）。

次卧则完全是另一种情况了，除了一张单人床、一组柜子，还有 5 把红木椅子架在书桌上，从底到顶都堆满了乱七八糟的各种杂物，只留下了一条狭窄的过道（见图 2-7a）。看到这个用 5 把红木椅子堆成的收纳空间，我问薛小姐这里放了些什么，她表示不是很清楚，她几乎没有从中找到过任何想要的东西。

当所有能用的空间都已经被超负荷利用却还是放不下杂物时，就不大可能走扩容这条路了。第一是没有可行性，空间已经被大型家具占满；第二是没有必要，既然都是一些根本想不起来也找不到的东西，那就把它们中的大部分请出家门就可以了。

我们花了整整一天的时间和薛小姐一起把这个房间的杂物做了清点、分类、筛选，最后处理了 8 箱物品，留下来的物品也都去了它们该去的地方。最后，次卧终于露出了只有书桌和单人床的原本面貌（见图 2-7b）。

很少有人在刚搬进新家的时候，柜子里的东西就溢出来了。随着时间的推移，我们的家只进不出，物品一直增加却很少向外流通，我们不断扩容，在每个空的地方都摆上柜子然后再把它们全部塞满，但是再大的房子也会有容量的上限。其实对大多数人来说，只要做到定期对物品进行清理就可以立刻改变现状。

放不下的问题，是**我们的空间和物品数量不匹配**而导致的，我们只拥有有限的空间资源，却希望突破这个空间资源的限制，去拥有超量的物品，这不科学。

图 2-6a 服务案例 >>>
整理前的客厅

图 2-6b 服务案例 >>>
整理后的客厅

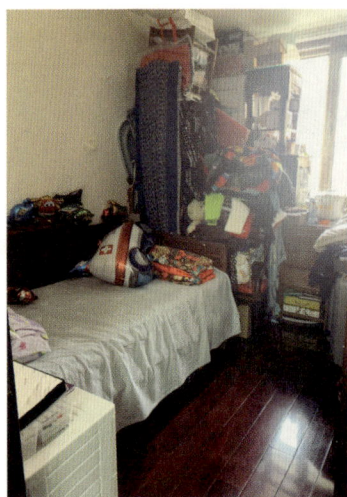

图 2-7a 服务案例 ▶▶▶
整理前的次卧

图 2-7b 服务案例 ▶▶▶
整理后的次卧

③ ⟫ 不好用：找不到，放不回，难以维持

前段时间，我的发型师帮我剪了个短发，他跟我说："你回家洗完吹干就可以，不用做任何额外处理。"这让我非常满意。如果只是剪完的那一刻好看，后面怎么都打理不好，或者打理起来非常麻烦，这种无法复现的效果并没有太大意义。除非有专门的妆造团队随时服务，否则你对发型最首要的需求就应该是可以轻松保持效果。

我们家里的收纳系统也应该是可以复现的系统，昨天家里整洁过，今天、下周、下个月……虽然不能每时每刻都保持原状，但只要我们需要，它就还能回到原来的状态。

就像洗完头、睡一觉起来发型会变乱一样，物品在家里也是会动的。当然，这不是说物品会自己在家里走来走去，而是我们把物品买回家，就默认是要使用它的。因此，它就会呈现出如图 2-8 所示的动态。

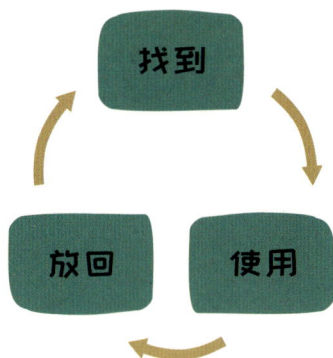

图 2-8 >>>
物品的使用循环

找到、使用、放回，这是物品在家里的循环轨迹，如果这个循环不顺畅，你的收纳系统就会不好用，这时就要看看这个循环到底卡在了哪里。

卡点一：难找。

从理论上来说，当我们建立了一个好的收纳系统时，物品是不需要找的，只要去拿就可以了。如图 2-9 所示，当物品被胡乱放在抽屉里时，我们就很难找到自己需要的物品。那为什么会发生找物品这个情况呢？

首先，物品没有固定位置，平时想放在哪里就放在哪里。

其次，物品没有分类，一个柜子里什么物品都有，没有建立简单清晰的收纳逻辑。

最后，收纳方式不合理，物品乱塞乱堆，虽然你知道物品就在这个抽屉里，但是每次都要翻好久才能找到。

卡点二：难拿。

你家有没有"一经收纳，永不使用"的物品呢？虽然我知道物品在哪里，但是我几乎不用它。

比如，一个买回来却从不使用的料理机，这种情况的出现通常有两种可能的原因。

第一种，买的时候觉得自己会用，实际上日常工作繁忙，根本没有时间用。我们购买一件物品回来，原本是为了满足生活需求，而那些买回来放在一边不用的物品，通常都是一些纪念品、装饰品。大家都说那些买来不用的物品"就是个摆设"，真的很有道理。因此，如果是这个原因，我们就可以直接把物品舍弃，彻底解决问题。

第二种，收纳方式不合理，假如料理机放在柜子的深处，外面还放了一袋大米，每次使用料理机都要打开柜子、挪开大米、搬出来、擦干

图 2-9 >>>
乱塞乱放的抽屉

净……想想就已经累了，还是算了吧。收纳方式不合理导致的拿取不便，是我们学习整理收纳要解决的问题之一。

卡点三：难放回。

在幼儿园，老师就教我们物品从哪儿拿的，放回哪儿去。但老师一定没有想到，到了三四十岁，我们还是没有完全做到。究竟是什么神秘的原因在阻碍我们把物品放回去呢？

原因一，没有意识到整洁是需要维持的事，沉浸在"一次整理，永不复乱"的幻想里，对归位这个动作从心理上就很抗拒。

原因二，物品不是没有放回去，只是"此时此刻"没有放回去，等到空闲的时候、周末休息的时候、心情好了的时候，就会全都放回去。

原因三，收纳系统不合理，归位需要耗费大量的精力和时间。

原因四，新增的物品比较多，旧的收纳系统无法适应物品的变化。

如果是前面两个原因，那你只需改变认知，调整自己的态度就可以了。如果是后面两个原因，那你就需要学习更科学的收纳方法了。

在我的客户晶晶的家里，客厅放着一个上下分层的柜子。在我们整理之前，她告诉我们，这个柜子她用起来觉得很别扭。我发现她把一个小型抽屉组合放在了吊柜里，用来收纳药品，从外面看不到里面的物品，拿取的时候也很麻烦。久而久之，常用药品都被随手堆在了外面（见图 2-10a）。

我们换了收纳方法，把这个小型抽屉组合放到了桌面，用来收纳日常用的小工具，而吊柜则改用开放的直角收纳盒来收纳药品，不仅分类更简单，而且拿取也更方便了（见图 2-10b）。

晶晶家的问题就是一个典型的"不好用"的问题，通过改变收纳工

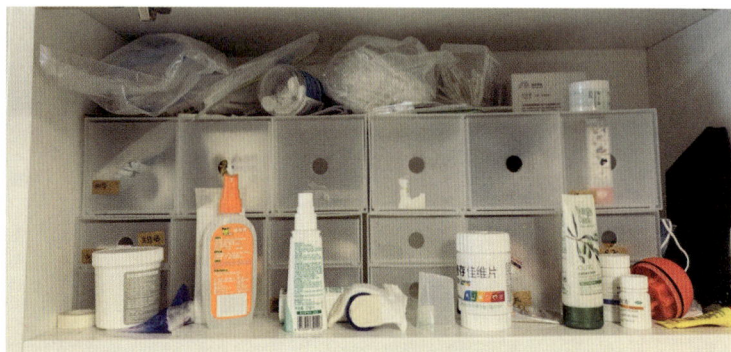

图 2-10a 服务案例 ⟩⟩⟩
整理前的药品收纳

图 2-10b 服务案例 ⟩⟩⟩
整理后的药品收纳

具就可以解决。

如果你整理好的家，总是很容易就再次变乱，难以恢复到原来的状态，那就是收纳系统"不好用"，这是最常见的问题阶段。

④ 》不好看：视觉不美观

家里已经非常整齐了，但怎么看都不够美，这是为什么呢？别着急，在我的整理课上，很多同学都是学习到最后，才开始思考"美不美"这个问题的。在我们服务客户的过程中，让家变美的问题并不全是由我们整理师来解决的。

整理术只能从秩序这个角度来提供美感，例如把物品按照尺寸、颜色摆放，对齐摆成一条直线，等间距陈列……虽然秩序和美感有直接的关系，但我们也要了解整理术的局限性，一个房子要呈现出美感，只靠这种秩序之美是远远不够的，它是涉及软装、色彩、搭配、风格、文化、个性等多个领域的综合课题。

如果一定要从整理的经验中找到让家变美的方法，那么我有两个建议。

（1）多看图，长见识

总是觉得自己的穿搭不够美怎么办？有一位穿搭教练给学员的建议就是多看图，每天看大量的穿搭图，对美的感知力自然就会越来越强。优秀的摄影师、设计师都要通过大量欣赏别人的作品，来提高自己的审美。在我的电脑里也有超过 1 万张家居美图。我日常的一个很重要的工作，就是不断去看家居美图，来加强自己对美的感知力。

如果你完全不知道该怎么让自己的家变美，那么最简单的方法就是去看、去找。在看到非常喜欢的家居图时，就从布局、色彩、陈列等各个角度模仿它，"抄作业"永远是对新手最有效的方法。

（2）多花钱，提高品质

我们在为客户采购收纳工具的时候，通常会一次性购买几十、上百个收纳盒，实现外观统一的美感。但大家在整理自己家的时候，很少会下这么大的决心，而是希望尽量把家里已经有的工具用上。这种物尽其用的做法当然非常值得肯定，只是你要知道，那些在网上看到的收纳美图，都是在收纳工具上花了非常多的金钱的。我们要么就不要对标那些家居美图，如果想要对标，那这部分的成本就省不了。

虽然我并不建议大家通过消费来解决问题，但不得不承认，想跨越"不好看"这个问题阶段，有时候就是要多花很多本不必要花的钱，才能实现（见图 2-11）。

图 2-11 服务案例 >>>
想要家里更美有时候就不得不多花钱

⑤ 》 不喜欢：不心动，没有幸福感

解决了前面的所有问题，我们来到了一个玄而又玄的领域：家里很整齐、很漂亮，东西用着也很顺手，但就是没有喜欢的感觉。你有没有过这样的体验呢？

近藤麻理惠在《怦然心动的人生整理魔法》中讲到，可以用"是否心动"作为标准，来筛选物品和打造自己的空间。但在我遇到的客户中，能够完全按这个标准来进行整理的人少之又少。"心动"是非常美妙的终极目标，是上限，而我们很多人还深陷在混乱的泥沼里，连"放得下、找得到、方便用"这样的下限都还没有达到。这就是为什么"不喜欢"被我放在了5个问题阶段的最后。

从整理的角度，一个硬件问题都解决了的居所还是让人感觉不到心动，可能有以下原因。

（1）空间不对

比如没有阳光、地砖太凉、层高太矮……我曾经服务过一个客户，在整理完成之后，她一直觉得家里不舒服，我们研究了很久，最后发现，她家朝北，缺少阳光，这让她一直觉得家里不够温馨。

（2）物品本身不对

比如物品的使用方式不顺手，款式不合心意……我家之前有一个榨汁机，功能齐全、颜值在线，收纳得也非常妥帖，但我就是不喜欢。最后我发现，它的操作按钮太复杂，每次使用都让我心烦。

（3）预期有问题

追求一个让人怦然心动的家，和追求一个让人怦然心动的人一样，需要自己慢慢找答案，但有时候也不一定会有一个确切的答案。可能你想要的那个事物、那种感觉，本身就是不存在的。

不知道、放不下、不好用、不好看、不喜欢……每一个问题前面都有一个"不"字。在这样的描述中，我们看到的都是问题，停留在改变这个角度。我们说过，好的目标只有从实现的角度来描述，行动的过程才会让人更加积极愉快。

因此，让我们把"不"字去掉吧！

如图 2-12 所示，通过多次整理，我家的用餐区最终达成了"我喜欢"这个目标。

图 2-12 >>>
我家的用餐区

家居整理的目标是什么呢？是**打造"知道、够放、好用、好看、喜欢"的家**。所有的"不知道、放不下、不好用、不好看、不喜欢"都是噪声，会带来熵增；相应地，"知道、够放、好用、好看、喜欢"都是信息，会带来熵减。

没有统一标准：决定不整理也是一种整理

4 年前我服务过一位客户，在我去她家做前置咨询的时候，她非常兴奋地给我拿出她朋友家的照片，说想把家里也弄成这样。

我看到照片中空旷的客厅里摆着大沙发，干净得透亮的茶几上放着一个中式花瓶，里面插着精心搭配的鲜花。而我们将要整理的这个家，双层床上堆满了柜子里塞不下的被子，阳台上是废弃的花盆和五颜六色的脸盆，孩子的房间里摆着各种拼凑的塑料玩具柜，没有合适的收纳家具……我们照例询问每个柜子里大概放了些什么，主人总是回答说"不太清楚""就是一些乱七八糟的杂物"。

很明显，她朋友的家已经至少达到"好看"这个标准了，而客户家还有很多"不知道""放不下"的问题需要解决。当然，只要有决心，目标迟早可以实现，但这 5 个问题阶段要一个个跨越，每一个阶段都是下一个阶段的前提和基础。我们很难在连自己有什么都不知道的情况下去规划出好用的收纳系统，如果物品已经多到从柜子里溢出来，又何来的好用和好看呢？

这 5 个问题阶段存在的问题既不是所有的物品和空间都需要解决的，也不是所有人都需要解决的。

对有些物品来说，只要知道它的存在就可以了，例如节庆、旅行和露营用品，只要知道它在储物间收着就好，日常并不需要特别方便拿取（见图 2-13）。

对有些空间而言，只要好用就行了，例如很多人家里的家政柜，只需要好拿、好放，不需要美，毕竟谁也不会天天打开门去欣赏一个放吸尘器和拖把的柜子。

对长期居家办公、热爱家居生活的我来说，只做到"够放""好用"是不够的，家必须是一个"好看""让人心动"的地方，能给我足够的愉悦和滋养。但对有些人来说，家只是一个功能性场所，他们人生的重点在走出家门后的广阔世界，他们只需要让家满足自己基本的生活需求，

图 2-13 服务案例 >>>
收纳旅行和露营用品的储物间

并不需要让自己的家达到"好看""让人心动"的标准。

著名的卧底经济学家蒂姆·哈福德（Tim Harford）[1]写了一本叫作《混乱》的书，我想买来看看他究竟是如何看待整理这件事情的。在这本书中，整理被定义为一丝不苟、不接受变化、死气沉沉的状态。作者认为，将这种整洁奉为信仰是错误且危险的，**我们不应该去追求形式上的秩序感，而是要有自主性、创造性、多样性**。

事实上，我和这位作者的观点是一致的。

真正科学的整理就是具备自主性、创造性、多样性的。秩序感是相对的、主观的。你的目标不需要和别人的一样，在同一个家里，针对不同的空间也可以设定不同的目标。这也是收纳这件事情的乐趣所在——1000 个人的家，可以有 1000 种样子，只要它是你想要的样子就可以。

最有意思的是，有的朋友用这个方法分析完，发现自己的家其实没有任何问题，只是他感觉应该整理了而已。如果你也这样，那恭喜你，虽然什么都没有做，但也什么都不用做了。你的整理其实已经完成了。有些时候，仅对问题进行观察和思考就已经是结果本身了。

决定不整理也是一种整理，放下也是一种完成。

---

[1]　蒂姆·哈福德，著有《卧底经济学》，在书中以潜伏在生活中、具有多重身份的卧底经济学家的身份，提供轻松诙谐的经济学解读。——编者注

整理不是一个结果，而是一个过程 ■□

曾经有一位读者在网上给我留言："我平时隔两天就会彻底收拾一次家，但第二天就乱了，而且彻底收拾的时候我总是没有头绪。收拾主卧的时候我发现屋子里有次卧柜子里的东西，送到次卧后发现次卧的柜子里比较乱，便又开始收拾次卧的柜子。然后我发现次卧柜子里有好多闲置的东西，又开始断舍离。走到客厅我又发现客厅的沙发套脏了，于是开始清理沙发套……如此循环，感觉收拾的效率很低，每次收拾得很累又保持不了两天，周而复始。请问我怎样才能高效地整理呢？"

这样的经历你一定也有过吧，没有目标，没有计划，也没有步骤，就行动起来了。其实生活中很多焦虑都来自我们一次性考虑很多事情。正如《规划力》一书所说，我们需要一个从现状通往蓝图的台阶。有了台阶的帮助，从一开始我们就能看到一共需要爬多少级台阶，无论爬到哪里，随时都清楚自己所处的位置。每爬上一级台阶，都有满满的成就感。万一不小心摔倒，也可以把造成的影响限制在很小的范围内，不至于推倒重来。

很多人都希望家里出现一位万能管家，把钥匙交给她，家里就焕然一新了。遗憾的是，万能管家并不能给我们一个真正好用的收纳系统，因为秩序感取决于我们的内在逻辑。因此，我们在做整理服务的时候，客户虽然不一定需要全程事无巨细地参与，但物品的清点、筛选，尤其是收纳系统的规划，都需要客户和我们一起完成（见图 2-14）。

信息的识别和掌控，大部分是在整理过程中完成的，整理的每一个步骤都在帮助我们从不确定一步步走向确定，从模糊走向清晰，从高熵走向低熵。它不是一个"直接给你"就可以获得的结果，而是一个你自己参与、思考、行动后，逐渐让生活恢复活力的过程。

我一直靠整理学习笔记来梳理学到的知识，应对各种考试。每次我做的笔记都会有同学借去抄，但这些同学很少有抄了我的笔记成绩就提高了的。

图 2-14 服务案例 >>>
和孩子一起整理文具

在一些读书社群，包括我的课程社群里，也有很擅长整理知识点的同学，他们会把看过的书、学过的课画成思维导图。很多人都会立刻截图保存、复制粘贴，似乎只要保存这个思维导图，自己就掌握了知识。这种方法看似是一条捷径，但实际上保存下来的思维导图根本替代不了真正去阅读一本书的效果，别人画出来的思维导图也无法帮助我们真正掌握知识和技能。

我常常建议我的学员，一定要自己整理笔记，哪怕不是那么完整，

看起来不是那么漂亮，也要亲自动手整理。所有收获都是在整理笔记的过程中得到的。

我们的大脑有自己的工作模型，并且会根据这个模型对外界进行预测。当实际情况和我们的预测一致时，我们就会感到愉悦和放松。如果不一致，我们要么调整预期，要么改变外界环境，让其达成一致，从而消除紧张感。整理的过程其实就是这个逐步调整的过程。对这个过程的参与越深入，秩序感就建立得越彻底。

我的儿子在上小学，有一次他在做数学应用题的时候来不及写过程，只是在脑子里快速想了一下，就匆匆写了答案。然而这个答案写错了，他没有得到任何分数。事后老师告诉他，如果遇到的是一个"问答"，比如"一加一等于几？""这棵树的叶子是绿色还是红色？""你今年多大了？"……那就直接回答。但如果遇到的是一个"问题"，比如一道应用题、一次调查研究、一篇命题作文……那就要尽可能写下思考的过程，每一个过程都可以得分。

越是复杂的"问题"，过程分就越重要。整理就不是一个"问答"，而是一个"问题"，还是一个各种信息纵横交错的、复杂的"问题"。如果我们非要把"问题"当作"问答"去对待，希望简单粗暴地一键搞定，那失败率是很高的。很多人在反反复复尝试，却总是无法得到一个好的整理成果，往往并不是最后一步错了——比如没买到好用的收纳盒，或者衣服叠得不够整齐——而是之前的步骤就出了问题。

如果整理是一道数学应用题，那么它的解题步骤应该如图 2-15 所示。

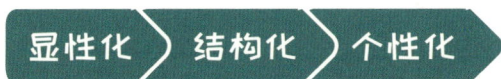

显性化 〉 结构化 〉 个性化

图 2-15 »»»
整理的 3 个解题步骤

　　第一步，显性化。收纳系统的第一个问题阶段是"不知道"。"不知道"表示信息被遮盖、被隐藏，我们首先要做的是让它们浮出水面，让人看得见、摸得着。

　　第二步，结构化。虽然看见了，但看不清楚，各种信息重叠、混杂在一起，这个时候我们要对它进行结构化，让它形成有条理的组织结构。

　　第三步，个性化。一切已经井井有条地呈现在我们的面前了，但这就是我们想要的吗？不一定，里面可能有很多无用的东西还没有被剔除。这个组织结构不一定是适合我们的，呈现形式也不一定是我们喜欢的。这时我们要重新审视自己当初的目标，按照目标对它进行梳理，让它变成我们真正想要的独一无二的样子。

　　"显性化—结构化—个性化"就是建立一个低熵系统的过程。你可能觉得它过于抽象，那让我们来把它拆解成具体的整理步骤，那就是集中、分类、筛选、收纳，我将它称为"整理四步法"（见图 2-16）。

集中 〉 分类 〉 筛选 〉 收纳

图 2-16 »»»
整理四步法

一个好的解决问题的模型，不仅要足够简单，还要能够自然地成为我们思维中的一部分。"整理四步法"就是经过验证的、步骤经过足够简化的整理模型。接下来，针对"整理四步法"的每个步骤，我都会用一个完整的章节来讲解。如果你希望它能成为自己思维的一部分，在每一次整理的时候都能自然而然地熟练运用它，就需要彻底理解每个步骤我们都在做些什么，为什么要这么做，并反复实践。

在这个过程中，你需要同时运用逻辑进行判断筛选，运用感觉去创造空间格局，图 2-17 就是既有分类逻辑又充分利用空间的收纳样例。你会发现，整理绝不只是表面的一丝不苟，还是一项既充满了逻辑性，又包含创造力的活动。

诺贝尔文学奖得主伯特兰·罗素（Bertrand Russell）在《幸福之路》中说，培养一种有条理的思维就是在合适的时间充分地思考一件事，而不是在所有的时间里断断续续地思考这件事。这样做事所增加的幸福感和所提高的效率是令人吃惊的。你会发现，越是关注过程，就越容易取得有效的结果。当我们能够做到专注于一个具体的目标时，意识和行动就已经开始变得有秩序了。它会让我们摒弃那些无关的事情，**把注意力集中在当下的步骤和接下来应该做的事情上，再也不会觉得最终的目标是那么遥不可及了**。

让我们一起来进行一次充分、彻底、专注的整理，享受整理带来的全新体验吧。

图 2-17 服务案例 >>>
既有分类逻辑又充分利用空间的收纳

CHAPTE

R 03

第 三 章

集 中

看见它，问题就解决了一大半

整理是破坏性创新 ■□

丹·罗姆（Dan Roam）《一页纸工作整理术》中说过这么一段话："要找到旧灯罩的唯一办法就是把车库里所有的储藏物拿出来卖掉。只有我们拆开所有的盒子、箱子，把里面的东西拿出来——放在阳光下，我们才会找到尘封已久的老物件。"这就是我们开始整理时要做的第一件事情：把物品全部掏出来，摊开在面前。如果你尝试过做这件事情，就会知道它非常需要勇气。

我的整理课学员小蕊的丈夫特别爱整洁，他接受不了东西掏出来之后的状态，每次都在一个小范围里原地收拾。小蕊在我这里学会了整理的方法，回家好几次尝试把东西全部掏出来整理，但当她的丈夫看到整理到一半没来得及收回去的物品时，就算是大半夜，他也一定要把东西全部收回去才去睡觉。

我们在遇到其他难题的时候也经常这样做吧，不想也不敢去看真正的现状是什么，总希望立刻进入解决问题的状态，避重就轻，做点不痛不痒的重复劳动。

小蕊最终决定找我们去她家帮忙整理，为了不给她的丈夫造成困扰，我们选择了他出差的时间去上门做整理。经过全部掏出来再梳理归位的过程，我们终于帮她解决了多年的问题（见图 3-1a、图 3-1b）。小蕊的丈夫出差回来看到整洁的客厅非常惊讶，觉得我们的收纳技巧非常神奇。其实我们并没有什么神奇的技巧，只是做了他从来不敢做的"全部掏出

图 3-1a 服务案例 ▶▶▶
整理前的书柜

图 3-1b 服务案例 ▶▶▶
整理后的书柜

来"的动作。

　　收纳系统里的"系统"指的是按照一定的关系来组织，它跟偶然、随意的堆积是完全不一样的。所有混乱的空间都存在大量的随意堆积。因此，整理的第一要事不是规划，而是**解除一切不合理的旧关系**。

① ▶▶ 物品和物品的不合理关系

　　例如，物品层层堆叠在一起，拿一件必须先挪走另外好几件；物品放在深处，每次拿时都要把外面的一大堆物品先移开；几件物品虽然放在同一个抽屉里，但并不属于同一个种类。

② 》 物品和空间的不合理关系

物品数量和空间容量不匹配，打开关着的柜门，物品就像火车到站时的人潮一样汹涌而出；存储的位置不合适，每次想要用某件物品，都要走很远或者很费劲才能拿到；有很多盒子，但总是猜不到里面装的是什么。

③ 》 物品和生活的不合理关系

例如，许多类似的物品提供了重复的功能；不少物品已经失效或者过期了，还一直在家里放着；很讨厌某件物品，看见它心情就不好，但舍不得丢；完全不知道物品有多少，其数量超出了自己的管理能力。

解除这一切不合理的旧关系的方法，就是如图3-2所示的，把它们全部掏出来：把封闭的收纳空间打开，把叠放在一起的物品一件件独立摆放，把藏在橱柜深处的物品搬出来，把不同种类的物品从一个抽屉里分开……从另一个角度重新审视它们。

这种破坏和清理的过程，可以帮助我们从"不知道"变成"知道"。我曾经在上门做整理服务的时候，从客户的衣柜里掏出过电饭锅。我的学员们听到这个故事都笑了，结果等到大家自己动手整理的时候，他们从自己的衣柜里掏出了泡脚包、文具、药品、玩具、冰箱贴……什么都有。

这也可以解释为什么搬家往往可以让我们实现一次比较彻底的整

图 3-2 >>>
把东西全部掏出来的场景

理。搬家就是一次外因促使的破坏。在搬家的过程中，我们不得不把东西都从柜子里掏出来，解除它现有的关系，然后在一个全新的环境里创建新的关系。在日常生活中，很少有人能主动做这件事。打破重组需要巨大的心理能量，而我们每个人都有强烈的维持现状的倾向，我们习惯了旧有的生活模式，即使不舒服，也要先这么将就下去。

我们在给客户做整理服务的时候，即使在当下的住所进行，也会带着"重新住进这个家"的思路来做，尽量取得最好的效果。大家整理自己家的时候，也不妨先试着构想一下："如果重新住进这个家，我会怎么做？"也许你会有完全不一样的收获。

我曾在网上看到一句话："一个人的运气本质上是那些固定的东西开始松动时产生的张力。"在整理房间的时候，哪怕只是做到了将物品"全部掏出来"，固定的生活也会随之开始松动，好运就会开始靠近我们的身边。最有效的创新是先看清现状，再对现状进行彻底颠覆。**不破不立，大破大立，整理的本质就是一种先破坏后创造的劳动。**

对物品进行"二维展开"

集中所有同类物品，这个步骤确实很困难，你会担心放不回去怎么办。这也是整理服务的意义所在，有我们在，就能保证掏出来的物品一定能放回去，并且是非常合理地放回去。

如果你要自己来做这件事情，就需要足够多的勇气，但只有勇气是不够的，还需要一些技巧。

① » 整理一类物品，而不是整理一个空间

我们的目标不是按空间和柜子整理，而是按物品种类整理。也就是说，"掏空一个衣柜"是错误的做法，正确的做法应该是"集中所有衣服"。

这是为什么呢？

我们还是要回到整理的目标本身。如果你的衣服之前都放在衣柜里，而且衣柜里没有衣服之外的物品，那"掏空一个衣柜"和"集中

所有衣服"并没有什么区别。但很多时候，我们的衣服还可能在床底
下、行李箱里、另一个卧室里……要是等整理收纳全部完成，它们又
突然"蹦"出来，那才会让我们措手不及。另外，衣柜里可能还有文
件资料、充电线、去年收起来的节庆用品等，当整理家里其他空间的
这类物品时，又要重新调整。就这样，所有问题交织在一起，就像一
个永远也解不开的九连环。

当我们想要整理一下厨房时，我们的最终目标是把厨房的橱柜填满
并摆放整齐，还是能够在这里更舒服地做饭？我相信肯定是后者。厨房
的橱柜收纳得再整齐，如果里面放的都是衣服、书、杂物，那便没有任
何意义。想要舒服地做饭，就要保证做饭需要用到的物品都被妥当地收
纳好了。

既然"物品被妥当收纳"是比"物品被摆放整齐"更合理的目标，
那么在把物品掏出来的时候，也应该是以同类的物品，而不是以某个空
间为目标（见图 3–3）。

现在问题来了，如果真的从衣柜里掏出衣服以外的物品，该怎么
办呢？

② ›› 这次掏出来的，不等于这次一定要收好

学员在做练习的时候，想整理自己堆放在阳台柜子里的一些食材，
但是阳台柜子里除了食材，还有很多其他物品，这让她感到很困惑。我给
她的建议是：先全部掏出来，清空这个空间，然后把无关的物品暂时放在
一边，只完成食材的整理收纳就可以了。

图 3-3 ▶▶▶
掏出来的同类物品

　　只有物品和空间已经完全严格匹配，才能做到"这次掏出来的，这次都收好"，否则一定会出现应该放到别的地方的物品需要暂时存放在这里的情况。如果我们从衣柜里掏出了电饭锅，就立刻拿着电饭锅跑去厨房，最后在厨房收拾了起来……那这次整理就真的永远无法完成了。

　　只有每次行动锁定目标，下次的事情留到下次再做，才不会总是烂尾。

③ ▶ **准备好辅助空间**

　　在《三体》的故事里，来自外星球的智子小到肉眼看不见，但当智子二维展开时，却可以覆盖整个星球的表面。同样地，虽然我们家里的物品塞在柜子里的时候看起来没有多少，但一旦"二维展开"，也可以覆盖整个家里的地面。

因此，开始整理之前一定要先准备好这个用于"二维展开"的空间。整理衣服的时候，可以把它们摊开在床上；整理厨房用品、书籍、杂物的时候，可以把桌子和柜子挪到一角，空出地面，垫一块布。

实在没有足够的空间怎么办？那就缩小目标的范围。

④ » 缩小目标的范围

如果你因从来没有做过"集中摊开"这件事情而产生畏难情绪，或者家里太小没有空间摊开，又或者用来整理的时间有限，就可以缩小目标的范围。

比如，别人一次把全部衣服摊开，你可以把全部外套摊开，或者把全部袜子摊开（见图3-4）；别人把全部清洁用品摊开，你可以把全部纸巾摊开，把全部清洁用的小电器摊开，这些都是同类物品。

我经常跟学员说，整理就像还债，之前每一次的"开心就买""随便一塞""懒得收拾"都是欠下的"熵债"，要恢复生活的活力，就要做熵减来还债。熵减是一道减法题，它的难度取决于被减数的大小，而这个被减数不仅是物品数量有多少，还和物品的无序程度息息相关。即使是整理同样的100件衣服，与衣服原本就集中收纳在一起相比，集中四处散落在家里各处的衣服，需要耗费更多精力。

如果我们跟银行借了钱，每一次到底应该还多少呢？如果一次还清，

图 3-4 >>>

全部摊开的袜子

总利息肯定就少。如果分多次还，总利息肯定就多。整理也是一样的，一次整理一小部分，虽然压力小，让人感觉轻松，但将来必然有更多推倒重来和重新调整的风险。然而，我们之所以需要分期还款，支付更多利息，是因为我们没有能力一次还清债务。因此，一次到底应该整理多少，要根据自己的实际情况来安排。

⑤ 》集中之后要做心理建设

　　直面"把物品全部掏出来"的场景对大多数人来说都是前所未有的挑战，这个场景有时候会让你感到仿佛身处一个巨大的垃圾场。如果你感到很焦虑，就一定要停下来休息一会儿，喝一杯奶茶，听听音乐，等到你觉得可以面对这堆物品时，再接着整理。

　　集中的过程伴随着大量负能量的涌入。我的一位客户在面对这个场景时，甚至压力大到痛哭。我让她赶紧去旁边的房间里休息一会儿，情绪平复之后再参与整理。整理师存在的一个重要意义，就是在这样的场景下，陪伴客户应对这个过程中的种种挑战。

　　但无论如何，这一步都是逃不过的。人们很难区分熟悉和真相，在所有真相都暴露出来之前，我们会被熟悉的一切挡住视线。但这一步又至关重要，只要搜集到足够多的真相，问题产生的真正原因就会浮出水面。

　　把这一步做好，就能拿到整理过程分的第 1 分——显性化。

先完成对信息的收集

集中的本质，是为了把握现状。

整理看得见的物品时可以把它们掏出来，在整理电子化的信息时，应该如何完成信息的集中呢？是不是要把电脑里的所有文档都从文件夹里拖出来，放在根目录下再开始整理？千万不要！整理电子文档和整理实体物品的工作量完全不在一个数量级。

我的整理师朋友曾经花了两个整天帮客户整理纸质文档，但如果将她们整理的纸质文档电子化，可能一个小容量的 U 盘都装不满。我想，你肯定不会让自己用两天的时间去整理一个 U 盘吧。如果你带着对工作量的错误预判去行动，那么只会得到满满的焦虑和挫败感。在整理电子文档时，我们在"集中"这一步要做的就是把它们简单浏览一遍，做到心里有数，也就是把握现状。

与此类似的还有时间管理。很多人在开始做时间管理时，会立刻拿出一个日程表，从起床开始，一条条地给自己安排任务，这也是错误的做法。做时间管理的第一步也是"集中"，看看自己的时间都花在哪里了，先记录一下自己每天在什么时间都做了些什么。这个时候一定要真实记录，**不要刻意地改变行为**，这样你才能真正看到自己时间管理的现状。

除了这些，我们在面对其他问题时，比如减肥、工作、旅行、人际关系……都可以从"集中"这一步开始，先把握现状。这个时候我们其实是在做"收集信息"这件事情。

本书是我出版的第 3 本书，可以说每一本书的写作过程都像孕育一个新生命，我既充满期待又感到非常痛苦。写作过程中最大的痛苦并不在于写作本身，而是在写作之前，根据写作目标，把已有的知识和信息重新搜集起来的漫长过程。我需要回顾那些重要的理论依据、课程里的知识要点、可以参考的服务案例、日常读书笔记里有用的摘抄……这个过程需要耗费大量的时间，但一时半会儿看不到任何成果——书稿可能还一个字都没写呢。但无论我多么着急，都会刻意给自己规划一段时间来专门做这件事情。

想把问题简化，直击本质，肯定要做减法，但在做减法之前，我们要先做加法，尽可能获得关于这个问题丰富且详尽的信息，并把它呈现出来。大多数人往往对这个过程不太重视，需要刻意练习。

收集信息最好的办法就是不断提问。随着人工智能技术的飞速发展，很多搜索信息的工作都可以通过计算机来完成，甚至比我们自己做得更快更全面。但要搜集到想要的信息，需要我们提出恰到好处的问题。在人工智能时代，我们需要具备的一项重要能力就是提问的能力。

有一个适用于几乎所有课题的基本提问结构——5W2H 分析法，又叫作"七问分析法"（见图 3-5）。

图 3-5 >>>
用 5W2H 分析法完成物品的集中

What（什么）：和定义有关的信息。问题是什么？目标是什么？

Why（为什么）：和原因有关的信息。为什么？为什么是现在这个状态？为什么要改变？

When（什么时候）：和时间有关的信息。什么时候产生的问题？积累了多长时间？发生的频率是怎样的？

Where（哪里）：和位置有关的信息。在哪里发生的？在哪里结束的？问题的边界在哪里？

Who（谁）：和人有关的信息。是谁需要解决这个问题？是谁造成的这个问题？相关的人都有谁？

How（怎么做）：和方法有关的信息。以前是怎么做的？接下来应该怎么做？

How Much（多少钱）：和成本有关的信息。耗费了多少金钱和时间？应该做多少？做到什么程度？

如果我们从这个角度重新去看"把物品全部掏出来"这个动作，会发现回答的正是这 7 个问题。

What：家里都有些什么？

Why：为什么会有这些物品？

When：什么时候买的？什么时候放在这里的？

Where：它们都放在哪里？

Who：谁使用？谁买的？谁在管理？

How：它是怎么给我造成困扰的？

How much：花了多少钱？占了多大地方？

在收集信息时，我们要避免以下几个误区。

(1) » "信息多" 不等于 "有用的信息多"

把物品全部掏出来时你也许会感叹："哇，都是我打下的江山！"但东西多并不代表有用的东西多。信息也一样，收集信息要做到多深入，少蔓延。

我们在整理物品的时候，一定要把注意力牢牢锁定在这次的整理目标上，衣柜要掏干净，一件衣服也不能留，千万不要因为在衣柜里发现了一个日记本，就打开看了起来，陷入无尽的回忆中，最后草草结束整理。

有时，我们打开手机本来只是想买一支笔，结果看到好看的本子就研究起来……最后 2 小时过去了，回过神来发现自己正在看一个视频，早就忘了当初拿起手机的时候是要干什么。这就是在收集信息的时候，发生了目标的蔓延。

一个问题的答案通常会引发新的问题，我们通过这种方式，不断往深处挖掘信息。这个时候我们要时刻提醒自己，我们最初的目标是什么，新的问题是否还锚定在我们的目标上。

(2) » 你永远也无法获取全部信息

有些人会忽略收集信息，而有些人则会沉浸于收集信息，总觉得一定要获取所有信息，才有足够多的安全感，才能做出最优的决策。结果，获取的信息越多，反而越犹豫不决。针对这个问题，把亚马逊从线上书店打造成商业帝国的杰夫·贝索斯（Jeff Bezos）提出了 "70% 法则" ——

你应该在掌握了 70% 的信息后就做出决定。

首先，这是一个信息大爆炸的时代，哪怕只是买一卷卫生纸，我们都几乎不可能获取全部信息；其次，我们的时间资源是有限的，收集和一个问题有关的所有信息，往往代价非常高，甚至远远超过了你在解决问题后得到的收益，我们必须在适当的时机停止；最后，很多问题根本不存在最优解，立刻做决定比等待一个最佳结果更有利于问题的解决。

③ 》信息的来源比信息的数量更重要

如今，网上充斥着各种被转载和解读了无数次的信息，它们也许早已脱离了事情的真相，这样的信息再多，也只是垃圾。很多视频和文章的浏览量动辄达到 10 万、100 万，但它们的来源可能是一个对专业知识一无所知的，只会对抄来的信息进行二次处理的人。

麦肯锡咨询公司对自己的咨询顾问提出的要求是，尽可能多获取一手信息，谨慎对待二手信息。

想要解决健康问题，就从专业医生那里获取信息；想要解决装修问题，就从设计师那里获取信息；想要学习整理，就要找真正在一线，即在客户家做整理的整理师们，听听他们怎么说，图 3-6 就是我在客户家做整理时拍的照片。

图 3-6 ›››
我在客户家做上门服务

④ »» 有意识地寻找和自己的观点相反的信息

刚开始网购的时候，我一看到一片好评，就会无比心动，立刻下单，结果经常买到不合适的东西。后来我在每次下单前都会专门点开差评看一看，然后就会立刻冷静下来，买错的可能性大大降低了。

在大数据的影响下，我们都被关在了信息茧房里，当你关注和支持某种观点时，就会反复看到类似的观点，哪怕它非常偏激，你也会产生一种"这是大多数人的看法"的错觉。要突破这种信息茧房，只能依靠我们自己主动出击，专门去看一些跟自己的观点背道而驰的内容。多角度的认知，才能帮助我们做出更合理的决策。

(5) 》 尽可能用书面方式呈现

在收集信息时，要尽可能用书面的方式进行记录。

在慢整理课堂上，我要求学员每一次都提交书面作业。虽然整理本身就需要动手实践，但我仍然要求大家在实践之后，把自己整理的过程和思路清清楚楚地写下来。

在这些作业中，我经常看到一篇篇非常长的独白，有的思路清晰，有的表达随性，但这都不重要。我一直鼓励学员尽可能多说、多写、多记录，我知道，这些独白就是大家长久以来积累的混乱的思绪和烦躁的情绪，是一直被压抑的看不见的问题，它必须经由这个输出过程，才有被解决的可能。结果就是，有很多学员写着写着，本来纠结的问题自己就想通了，本来困惑的地方自己就找到了答案。每当我看到在作业的最后出现的自问自答时，都会会心一笑。

《佐藤可士和的超整理术》讲到，存在于脑子里的只是"思考"，用媒介呈现出来的才是"信息"。一切整理都要从将思绪转化成语言开始。文字、表格、图形都是记录的方式，用纸笔记录或将其电子化都可以，没有什么固定的形式，完全取决于你的个人喜好。

正视是最好的情绪疗愈 ■□

很多父母都有这样的经历吧，孩子在两三岁的时候，每天在妈妈出门上班前都要抱着妈妈大哭一场。这个时候家里人都开始手忙脚乱，拿好吃的、拿玩具、打开动画片……想尽各种办法让孩子赶快停止哭泣。

我看过一个视频，视频里的爸爸用了一种与众不同的办法。他和伤心哭泣的孩子说："想到妈妈要出门心里不舒服吧？那就哭一会儿，哭完了我们去吃好吃的。""还想哭吗？还想哭就接着哭。"孩子哭着哭着，自己就破涕为笑了。这是因为孩子的负面情绪已经得到了清空，愉快与安宁又回到了孩子的心中，你想让他接着哭他都不想哭了。

这种思路出自弗洛伊德提出的无意识理论，它强调了人类心理中潜意识过程的重要性。他认为，在我们的心理生活中存在着许多我们无法察觉或意识到的情感、冲动和观念，这些看不见的、无意识的过程对我们的行为和决策产生了深远的影响。很多心理问题之所以产生，是因为我们一直在压抑和隐藏负面情绪。

弗洛伊德的心理治疗方法的核心部分叫作"自由联想"：鼓励患者尽可能自由地表达他们的想法和感受，不受任何限制或约束。通过这种方式，治疗师可以帮助患者触及他们的潜意识，揭示出那些被压抑的欲望和冲突。

很多家庭的收纳方式都是把东西藏到柜子里，从表面上看的确很整洁，但家里到处都是充满杂物的"黑洞"。这与我们对待情绪的方式如出一辙：我们认为情绪，尤其是坏情绪，是不被允许的，应对方式就是抵制和抗拒，把情绪看作洪水猛兽。但每个人的家里都有整齐的东西和杂乱的东西，每个人的内心也都有正面情绪和负面情绪，它们都是正常且合理的存在。

如果把情绪当作一团燃烧的火焰，那么有的时候，我们不需要急着去灭火。**这个世界上没有会永远燃烧的火焰，观察它，允许它燃烧一会儿，可能它自己就会熄灭了**。

能够承认、面对和允许情绪的存在，在很大程度上就释放了情绪。如果不去正视我们的恐惧，情况只会越来越糟糕。没有谁可以通过"把所有的东西都藏到柜子里"来真正解决整理问题，与其想尽办法逃避情绪、转移注意力，不如把一切全部摊开。

无论是整理看得见的实体物品，还是整理信息量惊人的电子文档，抑或是整理内在情绪，都要先完成集中、摊开的过程，把那些隐藏于各个角落的不堪大胆地放在阳光之下，坦坦荡荡地正视最真实的现状。

如果你期待一切井井有条之后的轻松和自由，那就不要害怕真相。**勇敢面对真相的奖励，是自由**。

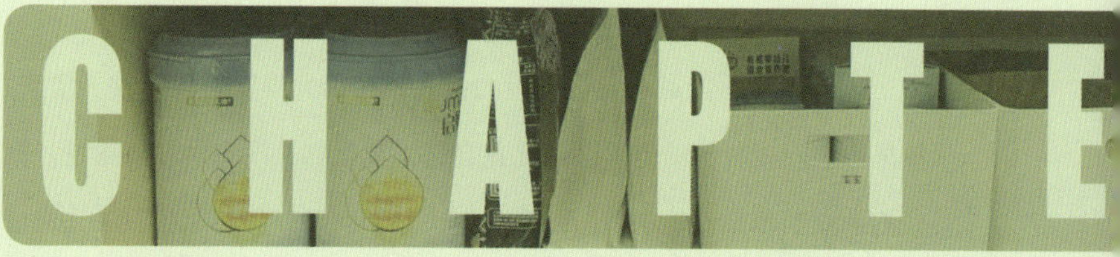
CHAPTE

CHAPTER 04

第 四 章

分 类

结构清晰，大脑不累

"同样"不等于"同类" ■□

北斗七星知道自己是个"勺子"吗

有一次我带几位整理师学生去做上门实习，目标是整理一个储物间里不常用的物品。把这些物品集中在一起并摊开之后，我问大家："你们描述一下这里都有些什么？"大家面露难色，感觉说不清楚。

意大利物理学家卡洛·罗韦利在《时间的秩序》中提到："熵就是我们模糊的视野无法区分的不同排列组合的数量。"虽然我们看见了有什么，但因为无法区分、不够清楚，所以熵值还是非常高。

因此，如图 4-1 所示，集中之后的步骤是分类，让物品变成自己可以掌握和理解的信息。

每次讲到分类这节课时，我都会问学员一个问题："北斗七星知道自己是个'勺子'吗？"

无论是中国古代的星象学，还是古希腊的天文学，都把天上的星星分成了一个个具象化的组合，这是我们对纷繁复杂的宇宙的一种分类方式。但天上的星星是不知道人类在干这件事情的，被我们画成平面图形的星座里的星星，它们之间可能隔了无数光年，彼此根本就不熟悉。我们为什么非要给它们分成一组组的呢？

答案是，为了建立可以被理解和传承的智慧。

如果不用星象和星座来记录，宇宙中的星星，就只是一堆永远无法

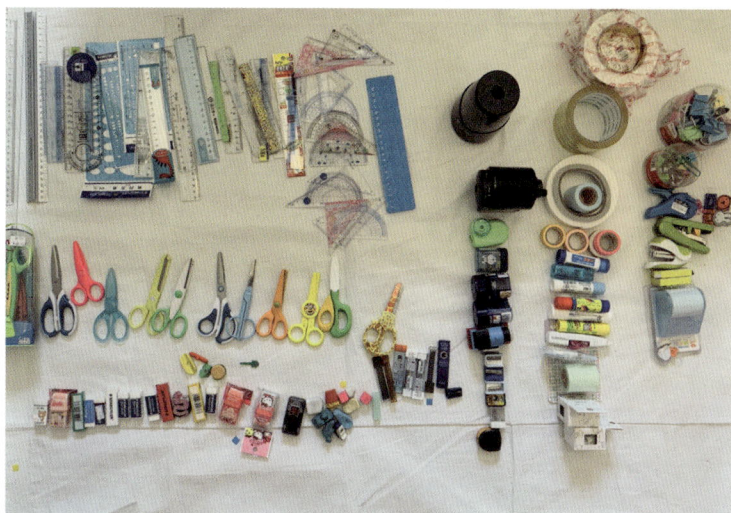

图 4-1 >>>
给文具分类

描述的天体，我们的祖先就算研究出了星星运行规律，也无法将它很好
地传给后代。"你看这一颗，你再看那一颗。"这样根本就说不清楚。而
有了星座这样的分类，我们就可以节约大量的沟通成本，踩在先人的肩
膀上，将我们的文化一代接一代地延续发展下去。

　　同样地，如果没有分类，我们就很难描述和想起家里有什么物品、
放在哪里、应该如何使用，对各种各样的杂物进行分类，可以帮助我们
把物品管理的信息简单地传承下去。

　　传承给谁呢？你可能会说，传承给家里乱扔玩具的孩子，传承给总
是找不到东西的丈夫。是的，分类的确是为了帮助我们简化和家人之间
的交流，达成生活上的基本共识。但更重要的还是为了明天的自己。

我遇到过一位客户，在我们整理的时候喜欢自己动手，总是顺手把东西找个地方一放。我在旁边提醒："要按分类放哦。"她不以为意地说："没事，我记得呢。"结果在我们完成整理后的一周里，她每天都来问我各种东西放在哪里，这种情况在高度按分类完成整理的案例中很少发生。

我们总觉得现在随便放没有关系，明天的自己肯定记得，一个星期、一个月之后的自己肯定也记得。但事实是，**如果没有分类的逻辑，那么明天的你很可能就像变成了另一个人，完全忘记了今天随手把东西放在了哪里。**

分类不是一种形式，它的作用是创造可以被所有人，包括我们自己理解和记忆的逻辑。

重点是如何把不同的东西放在一起

我在网上收到过一个读者的提问："每样东西都只有一两个，怎么分类啊？"

提到分类，你一定看过很多如图 4-2 所示的漂亮图片：一排排一模一样的纸巾被码在柜子里，一筐筐一模一样的水果被放在一起，一堆堆同款同色的 T 恤被叠放在一起……这时候图片下面总会出现这样的赞叹：分类做得真好啊！

事实上，这并不能算是分类，虽然它的确可以让我们在视觉上感到舒适，但对于解决实际的整理问题并没有太大意义。把同样的东西放在一起，3 岁的孩子都可以做到，另外只有卖货的商家才会存储大量同样的东西。在我们的日常生活中，除了纸巾之类的消耗品，很少有大量一模一样的东西。

我们在自己家里面临的大多数问题，并不是如何把同样的东西放在一起，而是如何把不同的东西放在一起。同样不等于同类，同样只是同类的最细级别。

有一次，我给一位女士做线上的整理咨询，她之前请收纳师团队服务过，家里看上去也非常井井有条，但她看着整理后的零食柜产生了疑惑：现在的分类标签上写着"海苔""芝士饼干""巧克力"……分得是很清楚，但是这些零食随时都会增加、减少，或者被替换成别的，难道要一直不停地修改分类和重新打印标签吗？

图 4-2 服务案例 >>>
大量同样物品的收纳

　　这就是非常典型的"用同样代替同类"的错误，我建议她去掉这些标签，按照大人吃的和孩子吃的、咸的和甜的、液体和固体、常吃和不常吃的标准做大致的分类（见图 4-3），吃的时候直接去找就可以了。

　　我们有一个很大的误区，就是觉得分类越细，整理得越好。

　　为什么衣服的尺码是 S、M、L 这种粗略的分类，而鞋子的尺码却是 36、36.5、37 这种非常精细的分类？如果分类越细越好，那衣服也应该按照人们的身材分成非常具体的尺码才对。《伤脑筋的话，就改变分类方式吧》的作者，国誉公司的高级培训师下地宽也先生对这件事的解释是：如果衣服的尺码分得这么细，虽然顾客在穿着体验上的差异

图 4-3 服务案例 >>>
食物的大致分类

并没有那么大，但对厂商和店家来说，需要准备超大量的库存，效率太低了。

《时间的秩序》中讲道，熵取决于我们模糊世界的方式。分类就是把"不同"模糊为"相同"的方法。越是粗犷的分类，包容性就越强，就越能经得起生活变化的考验。但越是粗犷的分类，也意味着看起来更混乱。要分到怎样的粗细程度，需同时考虑我们的**使用需求和管理成本**两个因素。

通过分类学会结构化思维

分类是简单思维的大量重复

我们知道，应该把复杂的问题简单化，但其实这句话并不成立。复杂意味着重复而杂乱，不仅数量众多，而且重叠无序，各种要素在空间和时间中交织在一起。像这样的问题不可能直接就变简单，需要先结构化，对问题的各个组成部分重新进行排列组合，让它们不再重复、不再杂乱，再把问题简单化。

因此，"复杂的问题简单化"这句话应该修改为"复杂的问题结构化，结构化的问题再简单化"。整理教给我们的最核心的思维方式，就是结构化思维。

在教孩子整理的时候，我经常让大家把如图4-4所示的苹果、黄瓜、猕猴桃分成两类。

图 4-4 >>>
苹果、黄瓜、猕猴桃

孩子会给出很多不同的分类方式：蔬菜和水果、红色和绿色、长条形和圆形、有毛和没有毛……还有一些让人非常惊喜的分类方式，比如我爱吃的和我不爱吃的、我家现在有的和我家现在没有的、2个字的和3个字的。因此，如果连孩子都能回答分类题，我们作为成年人怎么会被家里的一些杂物的分类难倒呢？

可是，我们真的被难倒了。

在解答"为什么分类这么难"这个问题之前，我们先来研究一下，在分类的时候，我们在大脑里完成了怎么样的思维过程。比如把苹果、黄瓜、猕猴桃分成两类，是怎么做到的呢？

如图4-5所示，看到苹果，我们观察到：它是红色的、它是圆形的、我喜欢吃。看到黄瓜，我们观察到：它是绿色的，它是长条形的、我喜欢吃。看到猕猴桃，我们观察到：它是绿色的、它是圆形的、我不喜欢吃。

接下来，如图4-6所示，如果选择颜色作为分类依据，那么苹果是一类，黄瓜和猕猴桃是一类；如果选择形状作为分类依据，那么黄瓜是一类，苹果和猕猴桃是一类；如果选择你的喜好作为分类依据，那么猕猴桃是一类，苹果和黄瓜是一类。

红色　圆形　我喜欢吃
……

绿色　长条形　我喜欢吃
……

绿色　圆形　我不喜欢吃
……

图 4-5 ▶▶▶
观察苹果、黄瓜、猕猴桃

选择颜色作为
分类依据

选择形状作为
分类依据

选择你的喜好
作为分类依据

图 4-6 ▶▶▶
苹果、黄瓜、猕猴桃的分类依据

最后，如图 4-7 所示，我们给每一个类别取一个名字，也就是分类依据：红色的、绿色的、圆形的、长条形的、我喜欢吃的、我不喜欢吃的……

图 4-7 >>>

为苹果、黄瓜、猕猴桃的分类命名

到这里，整个分类的思维过程就完成了。

我们经历了两个思考步骤：一，观察并分解；二，选择一个依据进行分类。

观察和分解就像在数学课上学的分解质因数，把一个整数拆分成一个个更小的组成部分；选择分类依据就像合并同类项，把它们共同的那一部分找出来。如果我们选择了不同的同类项，就会产生不同的分类。最后，我们给合并后的同类项命名。比如，当我们把帽子、围巾、领带分成一类的时候，选择的同类项是"配合衣裤穿戴在身上的物品"，一般会给它简单命名为"配饰"。

　　如果让你把小汽车、自行车、小货车、汽车轮胎分成两类，你会怎么做呢？

　　我的第一反应是将小汽车、自行车、小货车分为一类，将汽车轮胎分为一类，在这种分类方式中，我选择的同类项是它的功能。有一位老师曾经让小学生做过这个练习，有同学把自行车分为一类，小汽车、小货车、汽车轮胎分为一类，你知道他选择的同类项是什么吗？

　　这个同类项的概括程度越高，分类就越粗犷；概括程度越低，分类就越细致。分类是充满弹性的操作，对同样一堆物品用不同方式进行分类，是非常有趣的思维游戏。

　　完成最终的整理后，我们通常会贴上分类标签，便于后续查找。我常常看到很多人写的标签内容非常长，上面事无巨细地列出了里面的物品清单（见图4-8）。

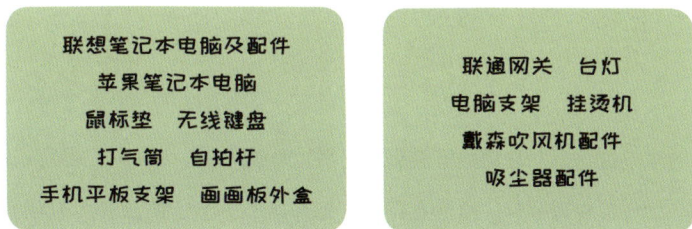

联想笔记本电脑及配件
苹果笔记本电脑
鼠标垫　无线键盘
打气筒　自拍杆
手机平板支架　画画板外盒

联通网关　台灯
电脑支架　挂烫机
戴森吹风机配件
吸尘器配件

图 4-8 >>>
特别长的分类标签

　　像这样长且琐碎的标签内容是不合格的。如果分类的核心是归纳，那这么长的标签内容便意味着没有实现归纳。因此，能否尽可能地用短的语句将标签内容描述清楚，也是检验分类是否合格的重要标准。

分类的本质是区分、辨别、归纳，请相信，我们的智商用来应对这些绝对绰绰有余。如果只是将苹果、黄瓜、猕猴桃分成两类，我目前还没有遇到无法做到的人。

但有一个可怕的事实是，我们每个人家里的物品，几乎都有几千上万件，这意味着看似简单的分类过程，我们要重复成千上万次，思考的难度会呈指数级增长。因此，如果你觉得分类很难，归根结底还是**因为你拥有的东西太多了**！

整理，是简单思维过程的超大量重复。就像我们在家里的日常活动，如拆快递、晾衣服、烧开水等，单独拿一项出来，都可能简单到不值得一提。但把这些大量简单的活动组合在一起，就变成了异常复杂、令人烦恼的家务。

"格物"方能"致知"

我经常问学员一个问题：是先有物品，还是先有分类？在了解了分类的思维过程后，相信你已经有了答案。分类的第一步是对已经存在的物品进行观察和分解。这就意味着，先有物品，在对物品进行观察的基础上，完成分类。

购物网站上对化妆品有非常细致复杂的分类，从眼部到唇部，从底妆到定妆，从液体到固体……如果你是化妆师，分类时便可以直接"抄作业"。但对每天只是简单打扮自己的人来说，这样的分类毫无意义，她只需把洗脸池附近的东西按照"护肤""化妆"这两个类别分一下，就足够了。

先有物品，再有分类。别人的分类只是参考，真正适合你的分类方式，一定是通过对自己已经拥有的物品进行观察和思考，在对现状的分析基础上，逐级归纳形成的。

如果你在分类的时候总觉得分不清楚，往往是没有完成第一个思考步骤——观察并分解。你认为一个苹果就是一个苹果，没有提取出它的如颜色、形状等信息，自然也就无法开始思考下一步——选择依据进行分类。说到底，我们还是太着急，忽略了思考的过程，只要慢下来，仔细观察每一件物品，就一定能够找到它和其他物品的共同点。

家里的杂物分不清楚，还有一个很重要的原因，就是我们对这些物品太陌生了，买回家就扔在一边或者收到柜子里，没有使用过。我们在帮客户整理的时候，经常听到他们在现场拿起一个东西喃喃自语："这是什么东西？"如果连是什么东西都不知道，何来分类归纳呢？

这种观察和研究身边事物的方法，早在 500 多年前的明朝，就已经有人在做了。王阳明在年轻的时候就干过这样的事。他曾经拉着他的伙伴来到自己书院的竹林里，往竹子前面一坐，开始盯着竹子看。

他们这是想干什么呢？答曰："格"竹。

"格物"这个词，出自《礼记·大学》的"致知在格物，物格而后知至"。南宋的儒学大师朱熹对《大学》中的"格物致知"有这样的描述："格，至也。物，犹事也。穷推至事物之理，欲其极处无不到也。"也就是说，通过对事物的彻底观察和分析，就能获悉其背后的规律和真理。

比如，家里有一张桌子，想要格物致知的圣贤们，就会坐在它的面前开始琢磨：它是怎么做成的呀？它是圆的还是方的呀？平时我们都怎么用它呀？为什么有的桌子好用，有的桌子不好用……你看，这不是跟我们整理的时候做的事情一模一样吗？

格物致知，在整理遇到困难的时候，就先静下心来，慢慢对着你眼前的东西"格"一"格"吧。

"BE"分类与"DO"分类

王阳明当年格竹子，有没有格出什么结果来呢？

一开始并没有，他给自己这次的行为下的结论是"我失败了"。他盯着竹子看了整整 7 天，也没看出个所以然来。但是，失败了的王阳明并没有放弃，他转念一想，在前辈的基础上提出了自己新的理解。

朱熹认为，格物致知的顺序，是先格物，才可能致知。万事万物都有其不变的原理，我们只需分析它、学会它，然后遵循它的引导去行动就可以了。但王阳明按照这种方法格了半天，发现竹子并没有跟他表达什么。于是他意识到问题可能出在自己身上——格物，首先还是要"正心"。事物的道理不在于事物本身，而在于我怎么去看它，真正的道理，存在于我的内心，只有把我的想法投射在上面，这个事物才有了意义。

朱熹和王阳明对"格物致知"的注解，一个人强调"物"，一个人强调"心"，这是两个不同的角度，我们也常常因为这两个不同的角度而产生分类的困扰。

举个例子，你家的食物是怎么分类收纳的呢？在通常情况下，我们会把红豆和绿豆放在一起，木耳和香菇放在一起。但有的时候，我们又想把自己经常吃的那些挑出来，放在更方便拿取的地方，于是就可能出现红豆和香菇作为一个类别收纳在一起的情况。类似地，衣服是应该按照上装、下装分类，还是按照常穿、不常穿分类？每天都要用的笔应该和其他所有笔放在一起，还是和每天都要用的剪刀、便笺纸放在一起？

这背后其实就是两种不同的分类方式。

第一种，它是什么，我们在这里称之为"BE"分类。

例如，剪刀是什么？是工具，那么它应该和裁纸刀、螺丝刀、卷尺等分为一类；帽子是什么？是穿戴在身上的东西，那么它应该和衣服、裤子和袜子等分为一类；糖是什么？是调味料，那么它应该和盐、醋和酱油等分为一类……"BE"分类强调的是物品客观的功能，就像我们去吃自助餐，餐厅里的所有食物都是按照凉菜、热菜、甜品和饮料来分类的，每个人看到的排列方式都一样。

对于日常家居物品，通常可以按照功能、品牌、尺寸、体积、数量、重量、形状、新旧、颜色、材质和价格等来进行"BE"分类，这些都是物品客观存在的属性，我们随便问一个人，都能得到标准答案。

第二种，我怎么用它，我们在这里称之为"DO"分类。

例如，这把剪刀用来做什么？用来剪花，那么它应该和喷水壶、营养液和花盆分为一类；帽子是做什么的？是最近每天都戴的，那么它应该和最近出门常用的包、鞋子、纸巾和钱包分为一类；这罐糖是做什么的？是我每天泡咖啡都要用的，那么它应该和咖啡、咖啡杯、纸巾和勺子这些喝咖啡时要用的东西放在一起……"DO"分类强调的是我们对物品使用方式的主观定义，就像在餐厅我们自己点菜时，每个人想要什么样的菜品组合方式，只有我们自己知道。

对于日常家居物品，通常可以按照如何使用、谁会使用、和什么一起用、是不是常用、哪里来的以及是不是喜欢来进行"DO"分类，对于这些问题，不同的人、不同的家庭会给出不同的答案。

从分类的思维角度来看，当我们选择不同的共同属性进行归纳时，就会产生不同的分类。如果我们选择按照客观的属性归纳，就会产生"BE"分类；如果我们选择按照主观的属性归纳，就会产生"DO"分类。

令大家头疼的"不知道该怎么分类"的问题，常常都是这两个不同的思维角度的冲突——到底应该把所有药品都放在一起，还是把我每天吃的药和每天喝的茶放在一起呢？

让我们来向程序员取取经。程序员写代码有两种思路：面向对象和面向过程。

面向对象，指的是把事物抽象成对象的概念，给它们赋予属性和方法。解决问题的时候，让每个对象分别执行自己的方法。就像我们出门的时候，先去衣柜拿衣服，再去放包的柜子选一个包，然后去放纸巾的地方拿一包纸巾，最后去门口穿鞋。这相当于"BE"分类。

面向过程，指的是事先就把一件事情的执行步骤串在一起。解决问题的时候，只需按顺序执行这些步骤就可以了。就像我们出门的时候，最近正在穿的外套，用的围巾、包、鞋帽、纸巾都在玄关"等"着你，站在原地就可以全部解决。这相当于"DO"分类。

究竟什么时候应该选"BE"分类，什么时候应该选"DO"分类呢？

第一，公共物品选"BE"分类，个人物品选"DO"分类。

面向对象这一方式最大的优点在于易于维护。在家里，最需要易于维护这一属性的，当然是那些全家都会用的物品，比如剪刀、纸、笔、餐具、纸巾……按照功能，也就是"它是什么"来分类，每个人都容易记住和理解。

那些只是个人使用的物品，比如化妆品、游戏机、玩具等则可以按"我怎么用"来分类，进行很多个性化的定制。比如，设置一个"我的睡前物品"类别，把眼罩、睡前看的书、香薰等放在一起（见图4-9）。

第二，多场景使用选"BE"分类，单一场景使用选"DO"分类。

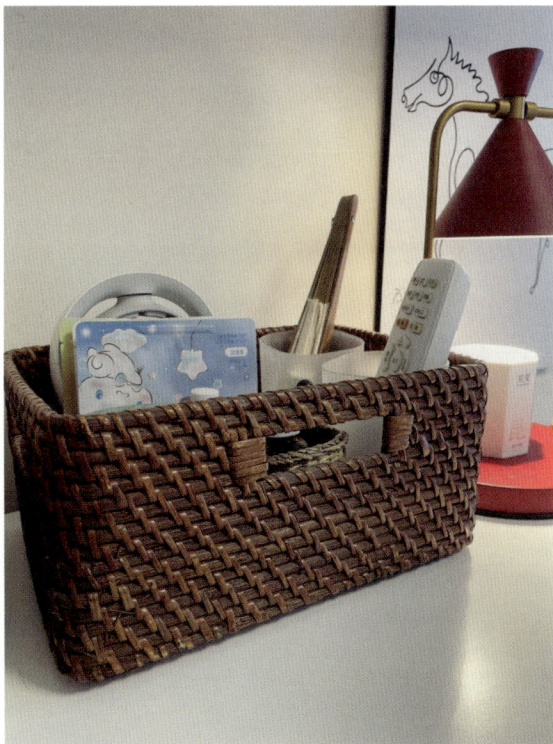

图 4-9 >>>
我的睡前物品

面向对象这一方式的另一个优点是易于复用。对于多个场景都要使用的物品，要尽量做"BE"分类。如果一卷胶带会被用来粘家里各种各样的物品，它就最好作为工具，和小刀、胶水等其他工具分为一类。但是如果有一些胶带是你用来做手账的，那么它可以和做手账的其他材料按照"DO"分类。

按照不同搭配来管理衣服就是一种"DO"分类，这可以让我们每天在搭配衣服时更从容。但如果你的某件衣服可能会跟其他多件衣服混搭，需要复用，那这种分类方式就可能会把你搞得更混乱。

第三，想节省空间选"BE"分类，想节省时间选"DO"分类。

如果你的目标是充分利用空间，收纳更多的物品，那就尽量用"BE"分类，大部分功能类似的物品，形状和尺寸都差不多。而面向过程这一方式最大的优点在于性能高，也就是说，如果你希望节省时间，"DO"分类则更高效，但这个时候可能就不得不牺牲一点空间了。

拿衣橱为例，如果你希望能够放下更多衣服，就要按照上装、下装、套装来分类，同款放在一起，最能节省空间；如果你按照一整套的搭配来分类，虽然能帮自己节省搭配的时间，但也会出现长衣服和短衣服挂在一起的情况，造成空间的浪费。我们每个人都有一个典型的"DO"分类，就是出门背的包，里面通常装着"出门"这个场景下需要的一整套物品，这个分类方式的主要目标也是节省时间。

那些备用的、没有开封的调味料，可以作为"家庭消耗品"，和其他备用食材，甚至厨房纸、清洁剂分为一类（见图 4-10）。

但每天做饭都要使用的油盐酱醋，可以和铲勺一起，作为"做饭时可以快速拿到的物品"来分类（见图 4-11），提高效率。

图 4-10 服务案例 >>>
收纳各种家庭消耗品的小仓库

图 4-11 服务案例 >>>
做饭时可以快速拿到的物品

掌握了这些原则，我们就可以在分类的时候，选择"DO"分类和"BE"分类中的一种作为标准，避免思维角度上的冲突。请记住，在大部分情况下，尽量以"BE"分类为主，就像程序员在绝大多数情况下也都是使用面向对象的编程逻辑一样，因为"易于维护"和"能装更多"在任何领域都是非常重要的需求。

现在我们做到了"整理四步法"中的第二步，在这一步中，建议大家采用"BE"分类。当我们把家里某一个大类的物品全部掏出来集中之后，先全部按照它们客观上"是什么"来分类，比如厨房里的物品按照锅、餐具、调料、干货、电器和工具进行分类。这时候先不要着急去做"DO"分类，以免让两个思维角度产生冲突，导致思维混乱和效率下降。

一个人对世间万物的认知和看法，会体现在他的分类方式中。从这个意义上来说，分类背后代表的就是我们的世界观。朱熹强调"事事物物皆有定理"，说的就是事物的客观属性，让我们在"格物"的时候，多思考它本身是什么。而王阳明强调"心即理也"，说的则是事物的主观属性，让我们在"格物"的时候，多思考我和它的关联。这两种角度在整理过程中，都非常重要。

完成了分类，我们就拿到了整理过程分的第 2 分——结构化。这时候，"我到底有些什么东西"这个问题的答案，就清清楚楚、一览无余地展现在你的面前了。

分类的检验标准

MECE 原则

把客厅里的杂物全部摊在地上观察一下，我们会发现，有很多物品都和"电"有关，比如充电宝、充电头、硬盘、充电线。于是，我们会定义一个"电子产品"的类别。将一组有共同点的物品进行归类分组，这是归纳。接着整理，我们又发现了小电扇、手电筒、电池……它们也和"电"有关，于是我们把它们和刚才的物品放在一起。推导出具体的一件物品属于具备某个共同特点的类别，这个思维过程叫作演绎。

因此，分类并不是我们想象中那样一步到位的，而是通过不断地"观察—归纳—演绎"，最终形成一个组织结构的过程。

我们选择不同的共同属性进行归纳和演绎，就会产生不同的分类。因此，分类这件事情是没有标准答案的。放轻松吧，不用总担心"我这样分类对不对呢"，事实上并不存在"对"的分类，能够让你记得住、找得到的分类，就是好的分类。

虽然分类没有标准答案，但分类做得是否科学，是有标准的。这个标准叫作 MECE 原则，即"相互独立，完全穷尽"（Mutually Exclusive, Collectively Exhaustive）。

MECE 原则是麦肯锡咨询公司的第一位女性咨询顾问芭芭拉·明托（Barbara Minto）在《金字塔原理》中提出的概念。金字塔原理被广泛应用于现代职场中，指导大家如何写报告、如何沟通以及如何有效解决问题。金字塔原理的思维模型就像它字面描述的那样，是一个自上而下的结构。我们给家里的物品分类，所有物品最终也会形成如图 4-12 所示的结构。

在金字塔模型中，横向的每一层内容都应该符合 MECE 原则。其中 ME（相互独立）的意思是，同一层的所有内容都不能重叠，也就是要分清楚。如果有一个物品既属于这个类别，又属于同一层的另一个类别，那么你的分类就不合理。CE（完全穷尽）的意思是，每一层都要把所有可能性列举出来，也就是要分干净，如果有物品不能放入你列出的任何一个类别，被剩下来了，那你的分类也不合理。

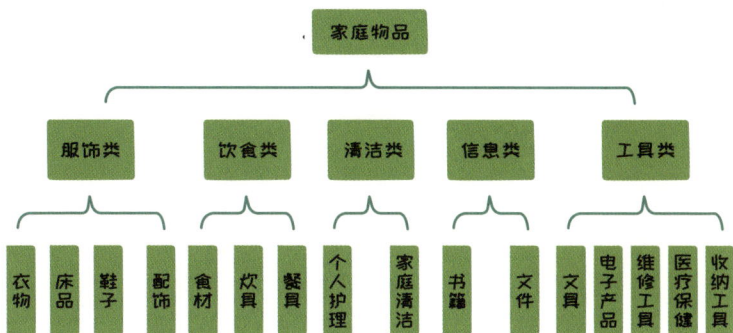

图 4-12 ➤➤➤
家庭物品分类的金字塔结构

我在儿童整理课上，带着小学生一起对自己的书籍进行分类时，有一位同学的分类方式是"科学、历史、杂志、名著、文学"。另一位同学立刻指出："文学和名著会重复。"他说得非常对，这种分类违背了"ME"（相互独立）的原则。

有一次我安排实习整理师对客户家的客厅杂物进行分类，完成之后我检查结果，发现除了分好的电子产品、药品、维修工具等类别，地上还剩下一堆物品。整理师说："剩下的这一堆是分不了类的物品。"这可不行，这个分类没有满足"CE"的标准，也就是没有分到完全穷尽。

如果在我们分出来的类别中，出现了"其他"，那也代表着没有"分清楚、分干净"。"其他"两个字，意味着没有完成逻辑上的归纳，无法描述它们的共同特点。凡是被称为"其他"的，就意味着根本没有被分类。

真正彻底的整理，**不能存在任何"分不清楚、分不干净"的物品**，只要你想办法观察、归纳，就一定有答案。

非实体物品的分类

所有实物和非实物的分类，都可以把 MECE 原则作为标准。

合理的企业组织架构，通常按照人力资源、行政、研发、生产、市场、销售等部门划分，能够保证每个人都有自己所属的部门和明确的直属领导。

这些都是符合 MECE 原则的分类方式。

整理电脑里的工作资料也一样，我们可以按照时间来分类，把每一年的资料放在一起；也可以按照项目来分类，把同一个项目的资料放在一起。理论上，这都是可以分清楚、分干净的。

一种很常见的电子文件分类不合理的情况，就是存在大量的"新建文件夹"，它和"其他"这个类别一样，就像我们家里一个个放满了杂物的抽屉，算不上是一种分类。要做到分清楚，就要保证所有文件夹都有一个清晰且具体的描述。因此，如果你想整理好电脑里的电子文件，就先从消灭"新建文件夹"开始吧。

通常，符合金字塔模型的电子文件分类方式，都是通过递进的文件夹来实现的（见图 4-13）。尤其是对于复杂的电子文件信息，一层的分类是不够的，我们可以先按照时间分类，然后按照项目分类，最后按照项目的不同组成分类。只要每一层都符合 MECE 原则就可以了。

整理照片也让很多人困扰，最简单的方法就是按照"时间—主题"

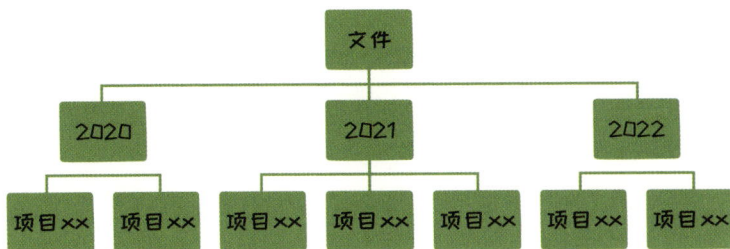

图 4-13 ▶▶▶
电子文件的分类方式

的双层结构来分类。先按照不同的"年"来分，在照片比较多的情况下，也可以按照"年—月"来分。主题可以是每次具体的旅行、家庭活动等，这时建议再增加一个"日常"的文件夹，用来存放和具体主题活动无关的照片，这样便可以保证做到分干净（见图 4-14）。

曾经有人问我，能不能按照人物来对照片进行分类，我的建议是，大多数家庭照片的整理都不适合用这种方式。我想，你现在一定知道为什么不可以了吧。

《金字塔原理》中明确提到，所谓的金字塔结构，就是通过对所有信息进行自下而上的分析思考，逐步总结和概括而形成的。整理实体物品的时候，"分类"是在"集中"之后进行的，先有物品后分类，电子文件和信息也一样，先有信息后分类，并没有一个电脑文件结构是适合所有人和所有场景的。我们可以先浏览一遍全部要整理的文件，做到心中有数，再按照这些文件的属性特点进行归纳，形成分类，然后将不同的文件放入这些分类中。通过对信息的搜集和分类、归纳和演绎，最终完成显性化和结构化的整理过程。

越整理，越轻松
只需 4 步，面对混乱不再无能为力

日期	主题
2023.1	寒假和新年
2023.1.11	环球影城
2023.1.29	杜莎夫人蜡像馆
2023.4.1	索尼探梦科技馆
2023.5.1	威海
2023.5.13	花间＋遇见埃及
2023.5.23	古北水镇
2023.6.3	将府公园
2023.6.13	南昌
2023.6.22	端午天津
2023.7.19	广州长隆
2023.8.2	卡鸟秀
2023.8.27	上海
2023.9.16	温榆河公园
2023.10.1	贵州
2023.10	深圳、厦门
2023.11.4	活的 3D 博物馆
2023.12.16	圣诞集市
日常	

图 4-14 ▶▶▶
照片分类示例

■

分类是思维的"安慰剂" ■□

你有没有做过这几年网上非常流行的 MBTI①测试？我做过两次，测出来的结果都是 INTJ 性格。在跟朋友交流的时候，我发现大家经常把"我们 I 人""我们 J 人"挂在嘴边，以寻找同样性格人群的共鸣。

我发现一个很有意思的事情，每当人们遇到一些情绪上的困扰时，都喜欢用各种模型给自己分类——我是属兔的、我是 INTP 性格、我是多血质……这些分类的名词成为我们给自己加上的一长串定语。

MBTI 测试其实并不是被心理学界广泛认可的科学理论。虽然它将人们的性格分为 16 种类型，但你会发现，即使分到了这么细，对复杂的性格来说，还是过于简单了。我的测试结果是"J"，这是非常有条理、有计划的做事风格，但我发现在很多场景下，我还是会随心所欲，不那么按照规划行事。

如果连 MBTI 这种需要做几百道题来完成的测试，都被视为过于简单，那其他那些完全没有测量表格、不参考实际情况、类型更少的分类，恐怕就更不可靠了。

但无论内心有多少怀疑，我们还是会乐此不疲。归根结底，还是我们自身太不可控，而我们又太想控制了。我们不能理解自己为什么会产

①　迈尔斯—布里格斯类型指标（Myers-Briggs Type Indicator），以荣格的 8 种心理类型为基础，将性格分成 16 种类型。——编者注

生这样的感受，做出这样的行为，我们特别想为它们找到原因——原来因为我是这个类别，所以我才有这样的感受，才有这样的行为。

有一次我跟朋友去参加团体活动，团队里的人都是我平常有一面之交，认识但又不熟悉的人。整个活动持续了一天，我全程几乎一言不发。回来的时候朋友满脸诧异地问我："你怎么都不跟别人说话？"当时我觉得很羞愧，自己好像是个奇怪的人。直到很久以后，我做了 MBTI 测试，测试结果说我是个"I 人"，也就是社交会消耗能量的那种人，我立刻就释怀了——因为我是一个 I 人，所以不愿意跟不熟悉的人说话是情有可原的！

《阅读的故事》中说道，分类秩序是我们思维展开的路径及其必要组织方式。人们需要辨识并安置异质的事物，让世界恢复成可控制的安全状态。通过将事物、信息或想法分成不同的类别后，我们可以将大量内容简化为更容易理解和管理的形式。这种简化有助于减少认知负担，使大脑更容易处理信息，减少焦虑感。

分类提供了秩序感和可预测性，通过识别不同的运作模式，我们可以更好地预测未来可能出现的情况，并采取适当的行动来应对。在一个充满不确定性的混乱世界中，这种秩序和可预测性可以让人感到更加安全和舒适。因此，**我们完全可以把分类这种行为，看作思维层面的"安慰剂"**。

此外，分类也可以帮助我们偷懒，不用再费劲地去理解一个个不同个体的差异。给自己贴上标签，同时把身边的人也分门别类管理一下，可以降低社交成本，让我们交流得更加顺畅。

我们应该如何利用分类思维，让自己的生活变得更轻松呢？

首先，把分类当成一个工具。有一些分类方式的确不是 100% 有科学依据的，但只要它可以帮助我们更好地了解自己、帮助他人，就可以将它当作工具来使用。其次，不要盲目依赖某个分类工具，尤其是对人的分类。人是多样化的、复杂的存在，每个人都是独立的个体，都有与众不同的一面，不是靠几个字母、一段文字就可以完全定义的。最后且最重要的是，不要因为贴上了几个标签，就在不知不觉中困住了自己，沉溺在别人描述的定式中，不再去审视和改变，不再去主动塑造不一样的自我。

每当我听到来咨询的客户或者学员跟我说，自己就是一个懒惰的人、混乱的人、不擅长整理的人、拖延的人时，我都会立刻纠正他们的想法。人人都可以通过学习和练习，让自己变得更有条理、更有执行力。在这一点上，我坚定地站在人本主义心理学[①]这一边。人的本性是积极的，我们天生就有追求幸福和自我实现的愿望，也有学习和探索的主观能动性。所有对人的分类，以及来自他人的评价，都只能帮助我们更好地理解自己，而不是定义自己。

我们都有不断改变和成长，最终成为自己想成为的那种人的能力。

[①] 由马斯洛创立，以罗杰斯为代表的心理学派，强调人的正面本质和价值以及成长和发展。——编者注

CHAPTE

R05

第 五 章

筛 选

锻炼决策肌肉，找回自我力量

先筛选，后流通 ■□

筛选是带着目标的舍弃

在完成分类之后，我们就要对物品进行筛选了，也就是大家常说的"断舍离"。

曾经有学员问我："在整理的哪个阶段扔东西最合理？"如果只是扔东西，那么这个动作可以发生在整理的任何时刻——把东西掏出来的时候，发现了一件破了洞的衣服，可不可以扔？当然可以。一边分类一边发现，这本书我不想看了，可不可以扔？当然也可以。

有时候，我们帮客户整理完了，她正欣赏着整整齐齐的柜子，突然就说"这件衣服我不想要了"，我们也会把它拿出来，和待流通（处理）的物品放到一起。在日常生活中，买了新的东西没地方放，用着用着突然觉得不喜欢了，走过路过突然看不顺眼了……都可以做出舍弃这个动作，并没有非要等到什么时候才能扔的说法。

但是，我们之所以在本书中专门把"筛选"作为整理步骤中的第三步，放在"集中""分类"之后进行，是因为它和我们日常所说的扔东西的性质不一样。

曾经有人问米开朗琪罗是如何创作出大卫雕像的，他的回答是："我挑了一块石头，把上面不属于大卫的部分去掉了。"也就是说，他并不是随意对石头一顿乱切，就可以创作出大卫雕像的，而是带着创作大卫雕像这个目标，对石头做减法的。

整理也不是让大家随意扔东西。扔掉坏的、没用的东西，对大多数人来说都不需要学习和练习，但带着整理的目标对物品进行筛选，是一个需要我们有意识地专门来做的步骤。

有一次，我去整理一个6岁小姑娘岑岑的作品。岑岑非常有艺术天赋，小小年纪就创作了大量的绘画和书法作品。虽然她的家里空间足够大，但岑岑的妈妈还是觉得，作品在想要的时候找不到，家里看起来乱七八糟的，管理起来非常费劲。如果用我们之前学过的5个问题阶段来分析，那这便是一个处在第三阶段的问题——不好用。

我们和岑岑的妈妈明确了要筛选"既没有纪念意义也欠缺创作水平"的作品这个目标后，把岑岑的作品全部拿出来并按照不同的年龄段进行了分类，再根据这个原则进行了筛选。对选出来不要的作品进行处理后放入垃圾袋，再把剩下要保存的作品分别放入不同的作品夹中（见图5-1）。

如果在平时，岑岑和妈妈都是无法对这些作品做出舍弃的决定的。把每一张画单独拿出来，好像都没什么问题，没有必要处理。心理学研究表明，人们很少做不加对比的选择。我们不喜欢在真空中做决定，在一个可以做比较，并且容易做比较的环境中，我们更容易做出合理的决定。因此，我们才需要先把客观上同类的物品放在一起之后，再做一次专门的筛选。

首先，我们事先确定了整理的目标是要解决不好用的问题，因此在执行过程中我们就会知道，为什么要处理那些明明看起来没什么问题的作品。如果没有明确这个目标，就会因"反正现在还放得下"而一直不做决定。

其次，我们经过了前面的"集中""分类"两个步骤，把相似的作

图 5-1 服务案例 >>>
筛选完成的岑岑的作品

品放在了一起。对作品按照创作年龄分类后，我们就可以很清楚地看到，在某个年龄段有哪些重复的作品，有哪些相对来说不太有保存价值的作品，从而顺利做出筛选（见图 5–2）。

《佐藤可士和的超整理术》中说："设定优先排序，就能找到真正重要的事物，这个优先排序，若缺乏观点便无从决定。"这里说的观点，其实就是我们在整理前给自己定下的目标，也是我们在筛选时候的依据。

在上门服务的过程中，物品的主人并不一定要全程参与前面"集中"和"分类"这两个步骤，但从第三步"筛选"开始，他们必须全身心投入进来。新生活的秩序就是从这一步开始构建的，而允许哪些物品进入"我未来的生活"，是我们每个人都必须亲自面对和做决策的课题。

图 5-2 服务案例 >>>
分类后对作品进行筛选

先决定"要不要"，再决定"怎么扔"

"每次觉得好像不需要它了，拿出来就开始想'该卖掉还是送人呢？能卖多少钱呢？可以送给谁呢？扔掉是不是很浪费呢？想不出个结果来，最后就又放了回去'。"你在整理的时候，有没有遇到这样的情况呢？要解决这个问题，就要分两步走：先筛选，再流通，即先决定"要不要"，再决定"怎么处理"。

前文已经说了，筛选的目标一定要和整理的目标高度一致。我们付出了很多努力，终于走到了 4 个步骤中的第三步。此时我们要停下来，**回头想想自己当初为什么要出发**。

从收纳系统的 5 个问题阶段的角度来看，我们处在不同的阶段，要筛选的物品也不同（见图 5-3）。

「不知道」　减少不常用的闲置物品

「放不下」　减少体积大、数量多、功能重复的物品

「不好用」　减少使用麻烦、打理困难的物品

「不好看」　减少破的脏的、DIY 的、不好看的物品

「不喜欢」　减少不喜欢的物品

图 5-3 >>>
5 个问题阶段要筛选的物品

如果你还是觉得筛选这个步骤很困难，下面分享几个方法，可以帮助你更轻松地完成这个过程。

1. 成本核算

计算一下你保留它和舍弃它分别要付出的成本。哪个选项成本更低，就选择哪个。要注意的是，这里不是只有经济成本才是成本，我们要为之付出的空间、时间、精力和金钱都是成本。

2. 重新购买

在日剧《我的家里空无一物》中，女主角麻衣跟自己玩了一个游戏，她把衣服全部挂出来，假装在重新逛街，问自己，如果现在看见它们，还会不会购买，据此来对衣物进行筛选。

有一次我帮助客户整理她的发卡，分类摆放在桌上之后，也跟她玩了这个游戏（见图 5-4）。我说："全部 10 元一个，你买哪个？"她想都没想就回答我说："我一个都不想买。"

下次为"要不要"而纠结的时候，你不妨也试试这个方法，也许答案就会出现在你的心中。

图 5-4 服务案例 >>>
把发卡摆出来给客户筛选

3. 取个名字

有时候之所以不舍得扔，是因为我们给物品赋予了它本身功能之外的意义；有时候之所以舍得扔，也是因为我们赋予了它其他的意义。

我曾经跟风买过一些图书排行榜上分数非常高的名著，结果发现其中有一些我根本看不懂，但因为大家都说好，所以我觉得无论如何这些书都不能扔。直到有一天我顿悟，这些书其实是让我觉得自己很笨的东西，为什么我要留着它们呢？于是我决定立刻把它们请出家门。

类似的东西还有很多，比如穿不下的衣服，会让我对自己的身材感到不自信；乱七八糟的杂物，会让我每次看见就心烦……如果整理就像骑车上山，那么每一件物品都是我们背在身上的负重。你是否愿意日复一日地背着它前行呢？

4. 暂存箱

还记得前文讲的薛小姐的故事吗？她家的次卧堆满了杂物，我们用了整整一天的时间才把它们清理完。虽然我们都知道，这里大部分都是无用的物品，但薛小姐仍然很难立刻做出处理的决定。想要一夜之间完成这个转变是很困难的，如果你给自己定下一个从来没有实现过的整理目标，那就很可能在筛选的过程中越来越焦虑，直到抗拒做出任何决定。我们不妨多给自己一点时间，先把不需要的物品分出来，暂时放在一边。因此，薛小姐家中大部分被筛选出来的不需要的物品，被装在了8个大箱子里。但这8个箱子影响到我们后面的工作，于是我建议薛小姐先把它们放到楼下不影响邻居的过道，等她后面有时间了，再去慢慢整理。

让我感到意外的是，我们在楼上工作的时候，薛小姐下楼了一趟，回来就跟我说："我把那8个箱子的东西卖给了收废品的人。很奇怪，一旦把它们'请'出家门，我就觉得它们不是我的东西了，我不想再为它们花费一分一秒的时间了。"

暂存箱既是个避难所，也是心理上的隔离。有的人在和恋人分手的时候会选择搬家，搬得离对方越远越好，这样可以让自己更快地开始新生活。同样地，我们也可以让物品从距离上一步步退出我们的世界，直到彻底与我们分离。

无论这些方法对你来说有没有帮助，最终能不能把那些不需要的物品"请"出你的世界，你都至少要保证一点：在把"要"和"不要"的物品分开之后，**那些"不要"的物品无论放在哪里、用哪种方式处理，**

都不要再把它们放回原来的地方。只要做到了这一点，就是一次成功的筛选。

最重要的是愿意付出什么代价

我们有很多处理筛选出的物品的方法，比如在二手平台卖掉、送给需要的人、捐出去、直接扔掉等。明明有这么多选择，为什么我们还是觉得难以抉择呢？这是因为任何方法都有成本。

1. 卖

在二手平台把物品卖掉，需要我们付出大量的时间成本和沟通成本，我们要考虑的是，转卖二手物品挽回的经济损失，是否大于我们用这个时间可以赚到的钱。

2. 赠

我曾经在客户家看到好几大包孩子的旧衣服，她不开心地说："直接扔掉吧，都是亲戚寄来的，非说自己孩子不穿了要给我儿子穿，但我们根本用不上，就当帮她处理了吧。"

把物品送给需要的人当然是好事，但有的时候，我们只是把自己不需要的物品送出去，没有真正考虑对方是否真的需要。表面上看起来我们送出去的是物品，实际上我们送出去的是自己无法断舍离的愧疚感，而强迫别人接收这样的愧疚感，其实伤害了彼此之间的情谊，这是很多人看不见的代价。

3. 捐

社会上有很多二手捐赠平台，回收我们的旧衣服、旧书……这些都能很好地使物品物尽其用。但也有人对此做过调查，因为大多数人主动断舍离的都是已经损坏的无用的物品，所以最后捐赠的大部分物品还是直接进了垃圾场。也就是说，我们花费了自己的时间，花费了社会的人力和物流成本，最后的结果很可能跟自己把物品扔进楼下的垃圾桶没有什么区别。看起来是避免了浪费，实际上却造成了更大的浪费。

4. 扔

直接把物品扔掉当然是最快速方便的，但也要付出一些代价，有一些物品如果我们愿意花时间去转卖，肯定是能回收一些金钱的。而且直接扔掉的话，我们要承担巨大的、面对愧疚感的心理成本。

我们每一次的舍不得，背后都是有代价的。最近这几年兴起的代处理婚纱照业务，每销毁一张婚纱照的费用大约是 300 元。这 300 元就是"舍不得"这 3 个字的价格。

曾经有学员问我，转卖费时间，扔掉又很愧疚，到底该怎么办？我们处理物品方式的背后就是我们价值观的选择：时间、金钱和心里舒适，你选什么？我给大家的建议是，选择对你来说最轻松的方式。

这些方式本身没有什么对错，只要能帮助你顺利完成决策的，就是适合你的方式。以我为例，因为时间对我来说是最重要的，所以我会选择一切节省时间的方式。小区里就有衣物的二手回收箱，待流通的衣服我都直接放到这个箱子里；需要处理的书籍我一般会在自己的读书社群里直接免费送给需要的朋友；其他大部分的物品，我都会直接扔掉，一些比较新的还能被二次利用的物品，我不会直接放到垃圾箱，而是装在干净的盒子里再放在垃圾桶旁边，等待我身边的"二手回收系统"自动运转起来。

虽然可以使用任何流通的方式，但筛选和流通是有先后顺序的，在任何情况下，**舍的方式都不应该反过来影响我们舍的决定**，一件本不需要的物品，并不会因为我们卖不掉、送不走、扔不出去就变成需要的物品。

是什么在阻碍我们断舍离

不要把扔东西变成一种行为艺术

我的大学校训非常简单，就是"知行"两个字。读书的时候，我未曾体会到这两个字的深意。随着自己走向社会独立生存，我才体会到这两个字蕴含的巨大的力量——从"知道"到"做到"，可能是我们一生中最难跨越的鸿沟，是我们和想要成为的自己之间最大的差距。

为什么断舍离说起来这么容易，做起来却这么难？因为触发我们的行动，需要两个必要条件：第一，动机，即我们为什么要做这件事；第二，能力，即我们做成这件事需要的力量。动机和能力组合在一起，行为才会发生。我们小时候都玩过跷跷板，在什么情况下我们能把对面的人翘起来呢？我们要先有一个向下的力，整个人向下突然使劲，才能让跷跷板动起来。这个向下的力，就是我们的动机。

"明明知道没用了，还是扔不掉，该怎么办？"这是我在网上常常被问的问题。在我看来，这是一个伪命题。谁说没用的东西就一定要扔掉？有人因为放不下了，所以才要扔掉一些东西，如果你的房子够大，东西都放得下，那就可以不扔；有人因为总是找不到东西，所以要扔东西，如果你的脑子灵光，再多的东西都能管理好，那就可以不扔；有人因为觉得家里不好看，所以要把破坏美感的东西"请"出家门，但你家里的东西都很美，那就可以留着……

"没用的东西就应该扔掉"只能算是普遍规则，"为什么我要整理"才是断舍离的合理动机。

动机可能来自外部，也可能来自内部。东西都从柜子里溢出来了，家里实在放不下了，过期的食物留在家里会影响健康，孩子的老师要来家访了，马上过年家里要招待客人了……这些都是外部动机。你不想再花这么多时间在收拾屋子上了，你想要让生活更轻松，希望每天回到家心情更好，希望借由整理让人生变得不同，你看了这本书后突然想要做一些改变……这些都是内部动机。

动机的背后是我们的需求，而需求来自目标和现状的差距。如果你想要的生活和你当下的生活并没有差距，或者不需要通过减少物品就可以消除这个差距，那么舍弃就不是一定要做的动作。

整理是一把螺丝刀，我们用它是为了拧上某一个松掉的螺丝，而不是为了用螺丝刀而用螺丝刀。在明确自己为什么要整理之前，不要没事就扔东西。

扔掉的东西又被家人捡回来了

动机有了，我们使劲向下，但跷跷板依然纹丝不动，这是因为对面坐了一个比你重得多的人，我们把他称为"阻力"。是什么阻碍了你舍弃明明不需要的物品呢？动机可能来自外部或者内部，阻力也可能来自外部或者内部。

来自外部的阻力，最常见的就是来自家人的反对。不止一位学员跟我说："扔掉的东西又被家人捡回来了。"有的人把收拾出来不要的东西放在家门口，结果家人看见又拿回来了，更夸张的是扔到楼下垃圾桶的东西都能被找回来。我给他们的建议是：偷偷扔、再扔远点。

你觉得无用的东西，家人觉得扔了可惜，这是因为对每个人来说重要的事情是不同的。比如，你觉得自己穿得美更重要，不好看的旧衣服就要"请"出家门。但家人觉得，这些衣服还可以当居家服穿，或者改成包袋，又或者当抹布用，对他们来说物尽其用的精神比追求美更重要。

这种价值观差异的产生，和成长环境、个人经历有很大的关系。我们可能没有意识到，物质的极大丰富其实是近些年的事。随着经济的发展，虽然我们拥有了一定的购买力，但很多东西也不是想买就买得到，想要就能立刻得到的。在这种环境下成长起来的人，跟他说"不需要就先处理掉"，他是难以接受和理解的。

如果你的阻力主要来自家人，那么可以参考以下 3 个建议。

1. 建立物品的边界

一个很重要的问题：这到底是谁的物品？我在一次上门做整理服务时，客户指着家里到处乱放的物品说："这些都是全家人都在用的。"于是我们找了一个小范围，一样样地和她一起辨别。结果发现，有 80% 的物品都是可以找到具体归属者或者主要使用者的。除了衣服、鞋子、化妆品这些明显属于个人的物品，即使是客厅的杂物，也只有一小部分是真正每个人都会用到的物品。确定具体的物权归属，是整理的前提。

2. 自己的物品大胆扔

自己的物品，我们有绝对的权力来决定要还是不要。

之前我和父母住在一起的时候，有一些不想要的个人物品，我会在出门上班的时候，带走扔到隔壁小区的垃圾桶里。在做上门整理服务的时候，经常有女主人担心处理自己的衣服会遭到家里老人的反对。我的建议是，在家人不在家的时候去完成整理。我有一个学员为了不跟家人因扔东西而吵架，经常半夜趁家人都睡了再起来收拾东西，她被家人打趣称为"深夜整理师"。

既然是价值观的差异，那么我们也没有必要与别人争论对错，去说服对方。断舍离本身就已经不是一个轻松的决定了，自己好不容易想通了，当然要执行到底。对于自己的物品，我们拥有全部的决策权，并不需要所有人同意。开开心心、悄悄地把自己的断舍离做完就行了，和谐最重要。

3. 别人的物品不要扔

除了明确属于自己的物品，家里其他人的物品以及一部分公共物品，我们即使看得再不顺眼，也不能随意做决定。

很多老人都喜欢在家里囤一大堆买菜带回来的塑料袋，说实话，这些袋子很多都既不环保，也不卫生，长时间留在家里不仅会滋生细菌，看起来也不美观。但无论我们多么不认同，如果这些袋子不是我们的个人物品，那我们能做的就是尊重和包容。

我的一些学员会给家里老人囤的塑料袋准备美观又方便的收纳容器，这样既尊重了老人的生活方式，也满足了自己对整洁的需求。

别人送的自己却不喜欢的礼物

除了家人不让扔东西，还有一部分阻力来自和他人有关的物品。例如，别人送给我们，但我们并不喜欢也不需要的礼物。

我在刚成为整理师的时候，遇到过一位让我印象特别深刻的客户。她是一个特别重感情的人，衣帽间里堆满了没有拆吊牌的毛衣，这些都是她的姐姐送给她的。她不喜欢穿毛衣，却把这些衣服看作姐姐对她的关爱，舍不得丢弃，最后给自己带来了特别大的烦恼。

有整理思维的人应该如何对待这些礼物呢？

我们不要拒绝礼物。礼物有两个属性：第一个是物品本身，第二个是它承载的情谊。我们在收礼物和送礼物的那一刻，这二者是无法剥离的，拒绝礼物就是拒绝情谊。因此，无论对方送的是什么，只要带着情谊而来，我们就要开开心心地收下并表达感谢。

在我们完成了收礼物这个动作之后，就可以将礼物的两个属性分开了。如果喜欢收到的礼物，那我们一定要用起来，并且告诉送礼物的人，这样他一定会非常开心。如果不喜欢，那就把它当作你自己买回家的东西。你可以怎么做呢？转送给合适的人、卖掉、扔掉都是可以的，该怎么处理，就怎么处理。此时此刻，你拥有对它的绝对处置权。

礼物本身只是一件物品，如何让它承载意义，又如何让它剥离意义，才是真正的学问。

除了礼物，我们在购买和流通物品的时候，也常常特别在意他人的评价。

我有一位读者，经常在朋友圈发"这两个东西到底哪个好？在线等回复"这样的内容，她说逛街购物对她来说是巨大的痛苦，因为经常被身边的人说东西买得不对，这让她无所适从。也有学员在筛选衣服的时候说："这件衣服我并不喜欢，但我的好朋友每次都说我穿得好看，我就一直没有处理。"

在乎他人的评价其实很正常。人是社会性动物，和他人的看法保持一致，可以让我们不被族群遗弃。在现代社会中，与他人产生共鸣，也能让我们感到幸福和愉悦。但是，对他人认同感的追求不能超越我们的自我认同感。

外部评价不一定是真实的。他人的评价是外部评价系统，它就像我们照镜子看到的自己。但我们面对的并不一定是真正的镜子，很可能是哈哈镜，对方看到什么样的你，是由他们自身的认知水平和角度决定的。

外部评价经常彼此冲突。他人总是喜欢对你指手画脚，告诉你什么才是好的，但令人头疼的是，他们每个人说得都不一样。各种各样彼此冲突的观点向你轰炸，不同的人给你不同的答案，如果你照单全收，最后的结果就是根本做不出判断。

山下英子在《断舍离》中说，做整理最核心的就是要坚定"自我轴心"视角。想要真正了解自己，从"我"的角度做决策，就要先找到这些"因为他人而来到"和"因为他人而无法离开"的物品，把它们"请"出"我"的世界。

你被沉没成本绑架了吗

跷跷板之所以纹丝不动，是因为对面的重量比你大得多，这个重量来自外部或内部的阻力。除了他人的阻力，我们还要面对很多来自自己内心的阻力。

我经常在课上问学员的一个问题是："如果有人给你与这件物品买入价格同样多的金钱，你是不是立刻就可以快乐地'请'它出门？"很多人都说："不用同样多的金钱，只要给我 1/3，我就会立刻'请'它出门。"如果曾经为物品花过的钱在阻碍你做决定，那就说明你中了"沉没成本"的圈套。

沉没成本是一个经济学概念，指的是我们为某些事情投入的、已经不可收回的支出。之所以说是圈套，是因为众多心理学的研究表明，沉没成本会严重误导我们，让我们做出不合理的决策。

"当时花了很多钱买的，扔掉多浪费啊"，在筛选物品的时候，这句话出现的频率一定不低。但事实上，浪费并不发生在我们扔东西的这一刻，如果我们本身并不需要某件物品，那么在你花钱购买它的那一刻，浪费就已经发生了。此后无论你扔不扔它，为它花出的钱也回不到你的口袋。这就是沉没成本中"沉没"二字的含义。

有人跟我说，她想断舍离，但是物品的剩余价值在阻碍她。我问她："这个剩余价值是如何计算的？"她开始算当时买它花了多少钱，又用了多少年。我发现，她实际上算的是"剩余价格"，而不是"剩余价值"。

马克思在《资本论》中说到，人和物品一般产生两种关系，要么通过使用产生价值关系，要么通过交易产生商品（价格）关系。也就是说你要么用，要么卖，否则这个物品就跟你没什么关系。

卖，是我们处理待流通物品的合理方式。但如果挂在二手交易平台上的物品怎么都卖不出去，我们就要看看这背后到底是什么原因了。卖家觉得物品还很新、很好，价格只打了 9 折，但买家只愿接受极低的价格，这其实是双方心理预期的误差。一件物品在它的拥有者眼里，往往比在其他人眼里要宝贵得多。也就是说，我们会倾向于高估自己拥有的物品。这就是获得 2017 年诺贝尔经济学奖的理查德·塞勒（Richard Thaler）教授提出的"禀赋效应"，也叫"所有权依恋症"。物品折旧的速度会随着时间的推移呈指数级加快，这是价格规律，是交易规律，跟你觉得它应该值多少钱基本上没有关系。

价格是用市场交易中的货币来衡量的，是非常单一且客观的判断标准。而价值却有各种各样的衡量角度：我如何使用它，我是不是喜欢它，我看见它是不是有美的感受……这是多元化的、主观的衡量标准。

我们在筛选这一步之所以要尽可能采用"DO"分类作为标准，就是因为要用主观价值代替客观价格，给一切加上"我"这个主语。只有价值才能匹配我们真正的整理目标，才能让我们从这些物品中感到生活的意义，感受到一切都是和自己紧密关联的。

除了曾经花的钱，那些曾经花的时间、精力，投入的感情，也都属于"沉没成本"。你会发现，那些非货币的成本更容易成为我们的绊脚石。

在一段亲密关系里，明知道不合适却一直不能放下的，往往是付出更多的那个人。阻碍我们下定决心离开伤害自己的人的，并不是对方本身有多好，而是我们曾经在对方身上投入的时间和感情。而往往这类人最擅长的，也是让我们不断地投入更多。

节假日的时候，一些热门景点经常人满为患，甚至有发生踩踏事件的风险。如果你在手机上看到这样的新闻，肯定会无法理解：旅行这么痛苦，为什么他们不赶紧离开呢？但如果你在现场，就会立刻有截然不同的想法，来到这里已经让你投入很多时间和金钱了，这些已经付出的成本会牢牢捆在你的腿上，让你动弹不得。

在经济学中，沉没成本不是成本，而是无效的决策依据。理性的经济学不建议我们根据投入了多少，来决定是否继续投入。成本应该是向前看的，而不是向后看的。整理应该为我们的未来而做，而不是为过去而做。

假如我们花钱买了一杯饮料，喝了一口发现特别难喝，这时是继续喝还是倒掉呢？其实，不好吃的东西可以不必吃完，我们是成年人了，我们有其他选择。**在错误的道路上停下来就相当于前进，及时止损，最后的总收益才最高。**

分离是人生必然面对的主题

我有一位线上课的学员在整理衣服的时候写下了这样的感受："我拿起每一件衣服，眼前都会浮现自己买它、穿它的场景，感觉它特别重要。平时我不会想起这些，但此时此刻过去的场景都历历在目，当我要做出舍弃这个动作的时候，会感到特别痛苦。"

这种在面对分离的时候自然产生的情绪，我们将其称为"分离焦虑"。

分离焦虑原本指的是婴幼儿因与亲人分离而引起的焦虑、不安或不愉快的情绪反应，又称离别焦虑。在我们很小的时候，每天和妈妈待在一起，只要看到妈妈换衣服准备出门，就会鼻子一酸，搞不好就要大哭一场。这种情绪不止孩子有，成年人也有。我还记得自己和前男友分手的时候，虽然已经想得很清楚了，彼此都做出了理性的决定，但"一切真的结束了"的悲伤和"我又变成孤孤单单一个人"的恐惧，还是在我的心头萦绕了很久。

这种情绪也不只会在人和人之间产生，也会在人和环境、人和物品之间产生。上大学的时候，我每次开学离开父母家，以及如今每一次出差离开自己家，只要到了出发的前一晚，我都会失眠，这就是对熟悉的环境产生的分离焦虑。人和物品之间的分离焦虑，更多发生在那些和我们有情感连接的物品上。小时候抱着睡觉的玩具、结婚穿过的礼服、初恋写的情书、离世亲人的遗物……这些都让我们很难舍弃。

在《万般滋味，都是生活》中，丰子恺先生说，他从口袋里摸出一把铜板，会感慨万千，想听它们讲在人们手中辗转漫游的故事；吃饭掉了一粒米，会看着看着生出一片悲哀："不知哪一天哪一个农夫在哪一处田里种下一批稻"；看到一粒灰尘，会想象"它明天朝晨被此地的仆人扫除出去""不知它将分飞何处"……

文艺的老先生自我调侃一下，让人觉得很有趣，但我们在整理的时候，如果给每件物品都加上这么多剧情，那就永远都无法完成整理。非要找到其他人为自己不需要的物品负责到底，甚至已经送给别人的物品还要关心"你用了没有呀"，**这种情绪上的消耗，改变不了"买错了"的事实，也改变不了"不再需要"的事实**。

舍弃物品时的分离焦虑，在敏感的人身上表现得更加突出，但敏感并不是什么坏事，我们不需要去否定自己当下的感受，只需把它当作很正常的情绪来对待。虽然我在这里借用了分离焦虑这个心理学概念，但大多数人在整理物品的时候，都远没有达到心理学上定义的、病态的分离焦虑。而且，如果一个人对任何人、事、物从来都没有过分离焦虑，反而可能存在一些心理上的问题。

相比于被动的决定，主动的分离更难做，当我们主动做出分离决定的时候，会伴随强烈的愧疚感，为了逃避这种愧疚感，我们就会一直拖延，宁愿一直不做决定。

比如在整理食物的时候，我就发现大家对于过期的食物一般都舍弃得比较果断，但对于那些还没有过期，实际上却并不吃的食物，还是会先放回去再说。等过了一段时间再拿出来，发现过期了，就可以坦然地扔掉了——毕竟是你自己坏掉了，不能怪我！这就是主动做出分离决定的愧疚感在作祟。对一块牛肉、一瓶调味料尚且如此，对那些曾经寄托过情感的人、事、物，要我们主动做出舍弃的决定，可以想到会有多难。

美国作家迈克尔·坎宁安（Michael Cunningham）在他的书中讲道："你无法靠逃避生活来寻求内心的平静。"根据能量原理，那些我们抵触的、试图消除的物品，也都会持续存在。如果我们不再需要一件物品了，一直把它放在角落里从来不关心，它就会给我们带来负能量。这种负能量并不会因为每次我们把物品拿出来，然后又塞回箱子里就消失。

面对这种离别的痛苦，我们不要抵制它、逃避它，而要面对它、转化它。最有效的方法就是认真做决定。

莫名其妙的消失最让人耿耿于怀，比如父母不打招呼突然离开，孩子就更容易产生分离焦虑，而且焦虑会愈演愈烈。如果在每次出门之前都认真地和孩子说清楚"妈妈去干什么，妈妈为什么要去，妈妈什么时候回来"，即使最开始孩子依然会大哭，但后面慢慢都会有所缓解。

　　舍弃物品时，你可以创造属于你自己的仪式，来缓解分离焦虑。这种仪式感可以体现我们对物品的尊重，从很大程度上减少内心的愧疚感，帮助我们更果断地采取行动。

　　从我的孩子还很小的时候，我就开始鼓励他筛选自己不需要的玩具。其中有一小部分玩具是他曾经非常喜欢的，陪伴了他很长时间的"老朋友"，但现在确实不需要，也不符合他的年龄了，需要腾出空间给他现在使用的物品。

　　我会给孩子和这些"老朋友"拍一张合影，然后把它们装到干净的盒子里，放到楼下的垃圾桶旁边（见图 5-5），让孩子对玩具们说一声："谢谢你们陪我这么久，现在你们可以去跟别的小朋友玩啦！"等到我们再去看的时候，一般都会发现玩具已经被人拿走了，孩子也觉得很安心。经历了很多次这样的分离，他现在很少在流通物品的时候有特别强烈的抵触情绪了。

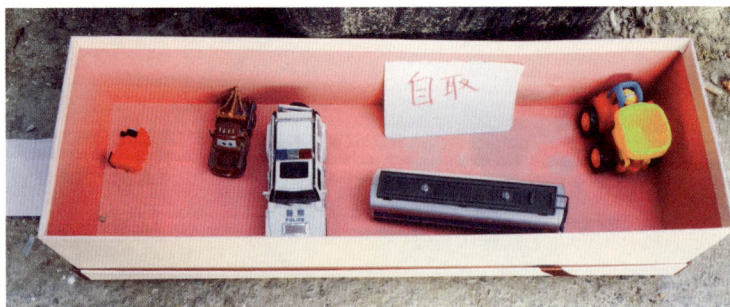

图 5-5 >>>
把孩子不需要的玩具放在垃圾桶旁边

丰子恺先生说，每个人多多少少都对物品有共鸣共感的天性，会体谅物品的安适。但正因为我们要体谅物品的安适，才不能让那些明明不再需要的物品一直被扔在无人问津的角落。

虽然我们每个人都不想面对"分离"这个课题，但即使是和我们血脉相连的亲生骨肉，都终有一天必须走向自己独立的人生，我们又怎么可能和这些身外之物永不分离呢？无论我们多么想为它们负全部责任，百年后，一切都将尘归尘、土归土，我们自己不舍得收拾，这个世界迟早也会替我们收拾干净。想为物品的一生负责是无意义的精神内耗，我们根本负不了这个责，这是一件超出我们每个人能力范围的事。

我们渴望长生不老，渴望拥有一切，渴望所有关系都可以持续到永远。但人生的魅力恰恰在于，**一切都是有限的**。

消费主义注定是赔本的事

你一定有过这样的经历吧，买了一件新衣服，为了搭配它，又买了一双鞋子，然后为了搭配这双鞋子，买了另一件新衣服，接着为了这件新衣服，又买了新的丝巾……在不知不觉间，家里堆满了各种各样的新东西。这就是著名的"狄德罗效应"。

德尼·狄德罗（Denis Diderot）是法国著名的哲学家。有一天他收到了朋友送来的礼物，是一件华贵的睡袍。他非常喜欢，但是他发现家里家具的风格与这件睡袍不配套，于是他更换了所有的旧家具。然而，当他的家中焕然一新的时候，他却突然感到很不舒服，他意识到"自己竟然被一件睡袍'绑架'了"！

越整理，越轻松
只需 4 步，面对混乱不再无能为力

薛兆丰教授在他的《经济学讲义》中说，人的需求是得寸进尺的，即便物质无限丰富，人类欲望得到充分满足的日子也不会到来。如果我们总想要拥有更多，那么，空间上的问题就几乎不可能通过更多空间来解决，再大的房子都会被我们用各种物品堆满。如果我们总想完成更多，那么时间上的问题也不可能通过更多时间来解决，再多的时间都会被我们用各种事务填满。

根据边际效用递减定律，人们消耗某种商品的数量不断增加所带来的享受会不断下降。而心理学研究表明，如果你昨天得到了 100 元，今天又失去了这 100 元，那你今天因为失去这 100 元感受到的痛苦，远远大于你昨天得到这 100 元的快乐。我们一直做加法，直到面临崩盘，最后又不得不忍痛舍弃，而每舍弃一件物品，我们的痛苦都会远远大于当时购买它得到的快乐。

与此同时，我们每购买一件物品，除了购买时花的钱，还要为管理它源源不断地投入空间、时间和精力。一件无用之物每在我们身边多存在一天，我们就要为它多付出一天的代价。因此，从购买的那一刻开始，我们的体验总值就会在赔本的路上一去不复返，而且越赔越多。因此，狄德罗效应还有一个名字，叫"愈得愈不足效应"。

对于失去的恐惧，会让我们倾向于保存已经拥有的物品，为了避免这种失去的痛苦，我们常常会妥协。就是这种"损失厌恶"的心态，让垃圾在即将被舍弃的场景下，瞬间变得可爱起来。

我们是真的需要这些塑料袋吗？不。我们的愉悦并非来自对这些塑料袋的使用体验，而是对它的占有。正如英国作家吉尔伯特·基思·切斯特顿（Gilbert Keith Chesterton）所说："不管是什么东西，只要你知道会失去它，就会立刻爱上它。"

对这种心态的利用，体现在各种精心设计的营销手段中，例如先让你试穿一下、试用一下、体验一下，或者把赠品先送给你，让你形成"已经拥有"的错觉后，再告诉你必须付出怎样的成本才能避免失去它们。这个时候，大多数人都会乖乖就范。

购物欲是无法控制的

美国哲学家让·鲍德里亚（Jean Baudrillard）曾经说过："个人作为消费者是自由的，但只能作为消费者则是不自由的。"然而在当今社会，我们的一切需求，吃喝住行、知识技能、亲密关系、情绪需求都被引导着指向同一个解决方案——消费。所有的欲望最终都指向了一个个价签。

在这种环境下，我们应该如何控制自己的购物欲呢？

靠控制是搞不定欲望的，它只能被满足或者被化解。你一定经历过靠饿几顿来减肥，试图控制吃的欲望，结果过不了一周就报复性地吃回来了。我们并不应该完全杜绝购物，可以买，但要有觉察地买，或者说，尽量提高有觉察的消费行为在自己全部消费行为中的比例，每次下单前问自己以下几个问题。

我是真的需要这个东西吗，还是为了情绪需求而买？

我有没有类似功能的东西？

家里有地方收纳它吗？

它是否需要我耗费时间和精力来打理？我有没有为此做好准备？

也许很多人会告诉你，要完全杜绝情绪消费，但在我看来，这是很难做到的。"我现在就是为了高兴买它"，这没有什么问题，我就常常会在特别开心或者特别不开心的时候买一些看起来没什么用处，但就是能让自己开心一下的东西，产生看似毫无必要的消费。

但是，这种消费一定要在自我觉察的前提下进行，并控制在一定的比例内。要时刻提醒自己，任何东西我们都会购买两次，第一次付出金钱，第二次付出时间，从下单的那一刻起，我们就开始赔本了。如果每次都为了暂时的快乐而买一些不需要的东西，那后面迎接我们的就只会是更多的麻烦。

有一位经济条件不错的学员就和我分享说，虽然她喜欢购物，而且不停购物花的钱也是她完全可以承受的，但是她并没有得到想要的满足感。我发现，一帆风顺的人生让她很少需要通过付出才能得到想要的东西，因此她缺少自我成就感，总觉得自己没有什么价值。

我给她的建议是，找一些公益机构做义工，比如社会义务劳动、照顾残疾小朋友、陪伴孤独老人……通过为别人提供帮助，来找寻自我价值感。后来她找到一家救助流浪动物的机构，平时休息的时候就去做一些义务工作。从那以后，她整个人都变得快乐又充实起来了。

很多时候购物是为了弥补我们内心那些没有被满足的"小空洞"。我们要向内探索，找到这些"小空洞"究竟是什么。如果可能的话，用其他不需要花钱、不需要占空间的事情补上，就不会一直陷在购物的坑里爬不出来了。

其实，**理性购物都是大胆舍弃的结果，越舍不得扔的人就越会乱买**。

有一段时间我特别喜欢买羊毛大衣，总觉得还没有买到喜欢的那件。

我总会冲动下单，买回来了又不爱穿，有一件甚至一直放在衣柜里连吊牌都没有拆。因为买的时候花了不少钱，所以我下不了决心断舍离。直到有一天，我看着它，突然感到一股情绪涌上心头：为什么我要一直为一件本不需要的物品而烦恼？于是我把这件衣服拿出来，叠好装到干净的袋子里，放到了垃圾桶的旁边。

你要是问我那一刻有没有心痛的感觉，可以说，我非常心痛。但正是那种痛感，让我从此以后彻底停止了没完没了买羊毛大衣的行为。什么时候扔东西真的让你痛到了，什么时候你买东西就会谨慎了。

我们做一件事情，除了关注看得到的回报，还要关注看不到的回报。舍弃物品的愧疚感，对我们的成长有很大价值。**不舒服的感觉也是我们人生中必然会有的情绪体验**，当我们去直面它、拥抱它，就会有意想不到的收获。

整理是最低成本的决策练习

筛选的本质是在制约中做排序

之所以需要减少物品，是因为我们拥有的物品超过了自己对资源的管理能力。这种能力可能是容量上的，也可能是利用效率上的。

衣柜里的衣服放不下了，把它们都掏出来，分门别类地放在一起。这个时候，我们发现自己居然有 20 件衬衣。为了"放得下"的目标，需要处理 30% 的物品。于是我们按照新旧程度、价格高低、喜欢程度……对它们进行了排序，舍弃排在最后的 6 件衬衣。这就是一个非常理性的筛选过程。

正如林语堂先生所说："强记事实是一件极容易的事情……但分别轻重和是非是一件极难的事情。"断舍离之所以这么困难，就是因为筛选过程就是在分辨轻重，是在条件有限的情况下，对拥有的资源按照一定标准进行排序，做出选择。

在解决问题的过程中，我们在完成信息收集后，需要对它进行筛选。大多数时候，在我们收集到的大量信息中真正对最终决策有用的非常少。

我们习惯性的做法，是对每一个要素直接判断"要"还是"不要"，这种二维思考模式过于简单粗暴，一旦重复执行多次，我们就很容易陷入情绪化的决策思维，做出错误的决定，或者干脆放弃做决定。在项目管理领域里，有一种常用的决策工具叫作"SWOT 分析法"，它从自身的优势、劣势、机会和威胁出发来分析已经获得的信息，帮助组织做出更合理的战略决策。

如图 5-6 所示，SWOT 分析法一共有 4 个象限，分别代表了内部优势（Strength）、内部劣势（Weakness）、外部机会（Opportunity）和外部威胁（Threat）。我们需要对这 4 个象限的信息，采用 4 种不同的态度。

如果回顾一下筛选物品的思考过程，你会发现它其实就是一种 SWOT 分析，分别考虑了动机和阻力，内部和外部两个维度。我们来看一个具体的例子。假如你正在整理厨房，把各种锅碗瓢盆、干货杂粮都掏出来了，但在很多物品的去留上，你和妈妈产生了不同的意见。然后，

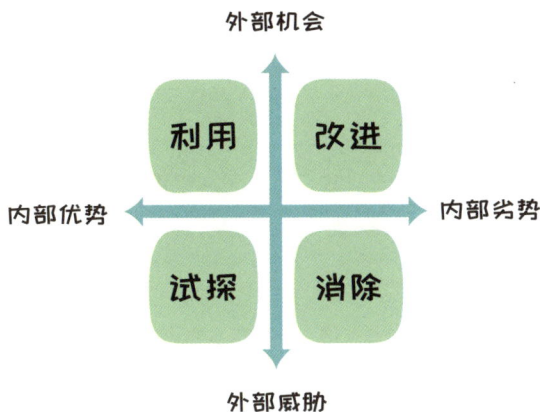

图 5-6 ❯❯❯
SWOT 分析法

我们把那些有意见冲突的物品，分别放到对应的象限中，按照 SWOT 分析法的建议，采取不同的处理方式（见图 5-7）。

你和妈妈都想处理的：优先处理，赶紧扔了，不会有什么问题。

你和妈妈都舍不得的：好好收纳起来，也没有什么问题。

你想处理，但妈妈舍不得的：先不用着急，通过各种方式来观察妈妈的态度变化，当妈妈的想法有转变时，你就可以立刻放入优先处理的象限，做出决策。

妈妈想处理，但你舍不得的：好好思考一下你内心的障碍是什么，争取克服障碍，做出决策。

这样一来，原本看似无解的问题，就变得简单多了。

SWOT 分析法可以用在我们生活中的方方面面。例如，你是家里的"厨房担当"，发愁日常应该做些什么样的菜，让家人都吃得开心，自己

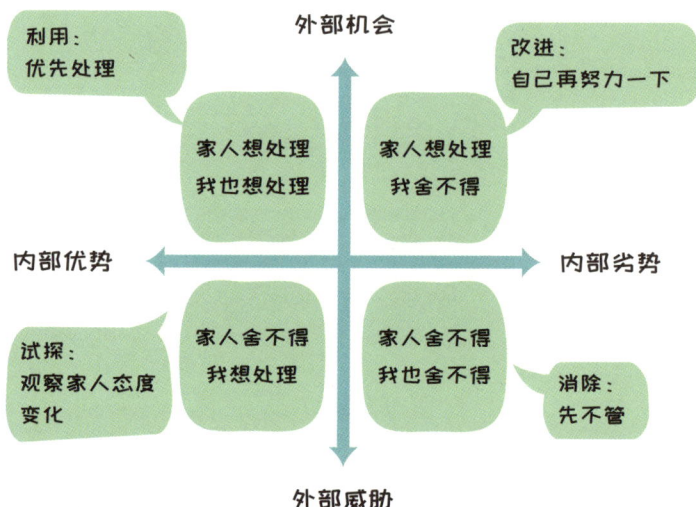

图 5-7 ▸▸▸
将 SWOT 分析法用于厨房整理的决策

做起来也不会太费劲，就可以用 SWOT 分析法来协助完成菜谱的规划（见图 5-8）。

我在上一本书《教孩子学整理》中，分享过我是如何和孩子一起筛选玩具的，其实我用的也是 SWOT 分析法（见图 5-9）。

经济学家认为，每个人都有"决策厌恶症"，如果只是做一个决策，我们可能会花心思考虑，做两个决策可能会稍微想想，但是，如果要做 50 个、100 个决策，可能就直接放弃了。通过 SWOT 分析法，我们可以把需要重复几十、上百次的决策简化为几个主要的路径，让它变得易于执行。

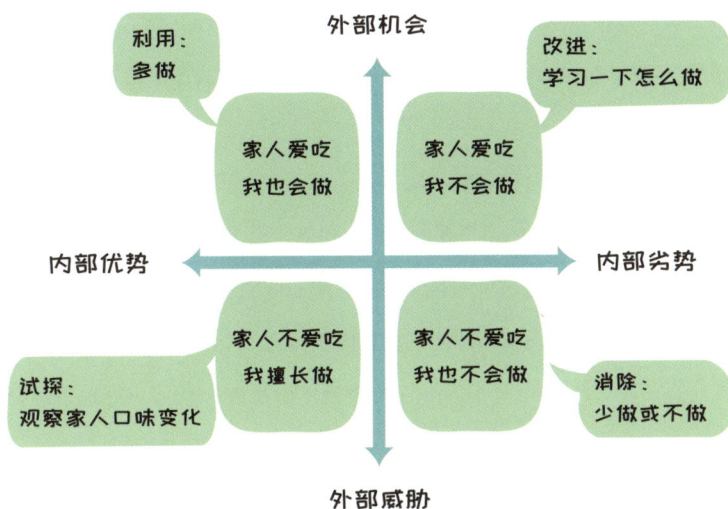

图 5-8 >>>
将 SWOT 分析法用于菜谱的规划

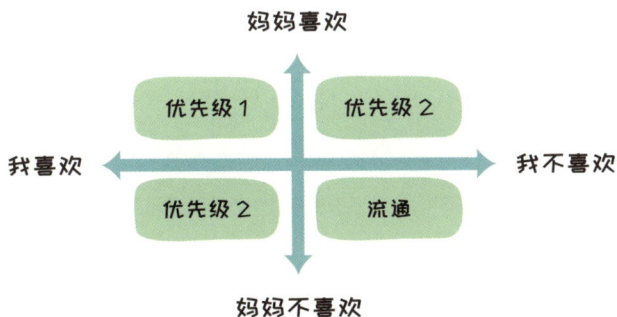

图 5-9 >>>
和孩子一起用 SWOT 分析法筛选玩具

　　你会发现，SWOT 分析法在本质上也是一种排序，只不过在这个排序中，我们同时结合了两个相关的维度，让最终的决策变得更全面、更合理。

　　筛选，是我们"整理四步法"中的第三步，从这一步开始，有限的条件会成为我们行动中最重要的依据，也就是说，"制约"出现了。

　　我们当然希望自己可以毫无限制、随心所欲地规划自己的家，但事实上，没有人可以做到，即使是拥有面积达到几千平方米的家的人，也有他必须面对的制约。《Google 工作整理术》写道："为了更好地做到有条不紊，十分重要的一点就是充分理解你面临的制约和挑战。"在面临制约的时候，最重要的是识别"真制约"和"假制约"。真制约不受我们的控制，我们要学会绕开；假制约在我们的控制之内，我们要学会改变和克服。

　　在做家居整理的时候，真制约是我们和邻居的承重墙、目前的财力所能购买的房子的面积、用于日常管理的精力时间、孩子和家人的价值观等，这些都是我们无法改变的因素。

　　我们总是喜欢幻想"什么时候买个大房子就好了"，但如果有能力我们早就换了，这不是一时半会儿可以解决的问题；我们总是觉得自己有很多时间用来处理家里的琐事，可以把家里打理得井井有条，但事实上我们每天下班回来就已经很晚了，累得一点力气都没有，想好好整理一下但总是力不从心；我们总是觉得可以强迫孩子喜欢那些我们认为更好的书籍和玩具，可以让父母把他们囤积很久的旧东西都扔掉，但事实上"什么对我来说更重要"这件事，对每个人来说都像是内心一道坚固的城墙，靠外力几乎无法撼动。

假制约则是不敢把东西从柜子里都掏出来的心理恐惧、认为东西原来放在这里就一直要放在这里的固定思维、买它的时候花过的钱等沉没成本……这些都是我们一念之间就可以改变的，不应该成为决策的阻碍。

真制约只能绕开，假制约则可以改变，但我们总喜欢反着来：在真制约里面努力，遇到假制约就逃避。这是为什么呢？

因为真制约往往是客观的，改变的是他人；而假制约往往是主观的，改变的是自己。我们不喜欢改变自己，却总喜欢盯着一些自己无法控制的事情，渴求一些不可能发生的变化、不可能得到的东西，不愿意去面对自己可以掌控的事，做出力所能及的改变。

我们会被那些根本就不存在的假制约限制，还有一个很重要的原因，是"别人告诉我这不行"。《Google 工作整理术》中就讲到一个真实的故事，说一位 80 多岁的老妇人，一直很想当一名职业歌剧演员，但在她年轻的时候老师说她不够优秀，她就放弃了这个想法。她偷偷给自己录的一首咏叹调，在多年后被专业人士听到，被认为非常有天赋。当年只要努力尝试，她完全有可能成为一名优秀的歌剧演员。

在布置客厅的时候，很多人会局限于"沙发、电视、大茶几"的配置，原因仅仅是"别人都这么做"。我经常建议我的客户要多考虑自己真实的生活场景，不要局限于约定俗成的做法。但我发现，要做出这种选择非常需要勇气。客厅没有沙发，那还是客厅吗？但实际上，从来没有什么规定说客厅里必须放什么，这完全就是一个虚假的限制。

在所有的假制约中，情绪的制约是最典型的，也是最难以识别的。一件事情的事实可能是无法改变的，但我们看待它的态度和做出的反应，是只要我们愿意就可以立刻改变的。前文中提到的心理成本，在经济学领域中并不会被当作考量依据。也就是说，当舍弃一件物品时我们内心无法面对的愧疚感、失去感通通都是假制约。

我们越了解制约，就越能产出有效的成果。在调整我们的行为之前，首先需要做的就是识别哪些是真制约，哪些是假制约。这样，我们才不会把精力浪费在对抗那些根本无法改变的事情上，也不会被不存在的东西缚了手脚。

从来就没有什么"无痛断舍离"

有个故事讲的是森林里有一群猴子，每天生活得很自由散漫。有一天，一位游客不小心丢了一块手表，被其中的一只猴子捡到了。它很快就学会了使用手表，成了猴群的明星，大家每天都来找它询问时间，由它来安排大家的作息，最后它当上了猴王。猴王觉得是手表给自己带来的好运，于是又去寻找新的手表，最后又找到了 2 块。但是这 3 块手表显示的时间根本不同，猴王搞不清楚哪个才是准确的，它的威望也慢慢下降了，猴群的生活又回到了自由散漫的状态。

这就是手表定律——**选择越多，越混乱**。

如果我们把"熵"的定义简化为"无法识别的排列组合的数量"，就能很好地理解为什么减少物品可以实现熵减了。你还记得排列组合的数学公式（见图 5-10）吗？

$$A_n^m = \frac{n!}{(n-m)!} \, , \; C_n^m = \frac{n!}{m!(n-m)!}$$

图 5-10 >>>
排列组合的数学公式

抛开精确的数学计算，我们试着从整理的角度来抽象地解读一下这个公式：把 n 理解为自己拥有物品的数量，m 理解为在不同的生活场景中我们对物品的使用方式。那么，随着 n 和 m 的增加，排列组合的值就会大量增加。也就是说，我们拥有的物品越多，可能的使用方式越多，家里的熵值也会越来越高。

因此，减少物品的数量是实现熵减最简单的方式。

既然这么简单，为什么大家都做不到呢？因为人类很难做到绝对的理性，不是说理论上正确的事，就一定会去照着做。

理论告诉我们要依据事物的未来价值做出理性选择，但各种心理学实验却证明了"你累积的情感、物质投资会大大影响你的选择，倾注越多，放手越难"。人类无法保持绝对理性，反而更喜欢合乎情理，也就是即使不那么正确，也可以让自己舒服一点的做法。在整理过程中尽最大的可能舍弃不必要的东西是理性的，但并不合乎情理，我们会觉得很不舒服。因此，我们把那些东西一遍遍地拿出来又放回去，逃避做出决策这件事情。

但事实上，我们一直在做决策。《小狗钱钱的人生整理术》中说，决定即分离。"取""舍"这两条路，我们每次总要选一条。看上去没有做出任何选择的人，其实也做出了自己的选择，他们的选择就是"不作为"。我们总想着以后再做决定，其实并没有什么"以后"，"以后"很快就会变成"现在"。

并没有"道理都懂但就是做不到"一说，在做出把不需要的东西又重新塞回柜子里这个动作的那一刻，你就已经做出选择了。

所谓断舍离，并不是扔还是不扔这一个动作，而是变道，是我们决定从此走一条不一样的路，用不一样的方式去处理事情。

在我看来，舍弃一件不需要的物品，就是"**承认错误，接受变化**"。

扔东西之所以这么困难，是因为这些东西是我们自己"请"进家门的，现在我们要把它们扔掉，这意味着我们打破了自己的前后一致性。我们讨厌不能保持前后一致的自己。而变道，就是我们选择鼓起勇气，为自己过去的错误买单，出于种种原因，当时的我们做出了错误的决策，现在由我们自己为这个错误画上句号。

不需要的物品不一定就是由错误的购买导致，也有可能当时的决定是对的，但是环境变了，生活变了，我们自己也变了。曾经是二人世界，如今有了孩子，不得不放弃以前的爱好；曾经身材很好，现在胖了，有很多穿不下的衣服；曾经有很多时间阅读，现在工作忙了没时间……无论我们愿不愿意，都必须承认，生活中唯一不变的就是变化。只有接受这种变化，根据这些变化去调整空间和物品，让环境服务于当下的自己，才能真正过得舒服自在。

"扔错了怎么办？"这也是很多人问过我的问题。我们会不会做出错误的决策？当然会。首先请相信，怀疑就意味着不合适，真正需要、喜欢的东西，你一定会毫不犹豫地留下来，那些反反复复让你纠结的物品，在被"请"出家门后你就再也不会想起来了。万一遇到那一小部分扔错了的，再买回来就好了。从小范围来看这样做似乎是有点浪费，但从我们整个人生的资源或者整个社会的资源的范围来看，这样做依然是总成本最低的做法。

人生中的很多困境都源于我们**太害怕犯错**，导致很多本身正确的事情都没有做。其实最困难的不是选择，而是做出选择并承担选择带来的结果，只要我们**愿意为自己的行为承担责任**，就没有什么事情可以难倒我们了。

经济学家曾经研究过，无论我们认为自己做了多么理性的分析，消费的那一刻，在本质上还是一种感性冲动的行为。同样地，舍弃一件物品也没有我们想象得那么理性，它也是一种感性行为。因此，不一定非要把事情想得完全明白，毕竟你买它的时候也没想那么明白，不是吗？

从心理学的角度来看，态度的变化往往很难刻意为之，它们是在行为变化之后自然发生的。那些让你反复纠结的东西，不如先扔为敬。做出这个行为之后，你将收获舍弃无用之物的轻松感，进而产生新的思考和体验。一旦开启这个正反馈的循环，做决策将变得越来越简单。

负熵之路是需要努力和刻意练习的。

我经常问学员一个问题："如果你不想要的任何东西，都会有人接过去用上，永远不用面对舍弃的痛苦，你会变成什么样的人？"大家都回答说："那我就会肆无忌惮地买。"这听起来似乎是一种非常令人向往的生活方式，事实上却非常可怕，我们将会彻底失去选择和决策的能力，并在人生的其他方面受到巨大的负面影响。舍弃过程中的痛感，是非常有价值的收获。其实，从来没有"无痛断舍离"，不要期待自己能一点都不难受地去完成这个过程，而是要**勇敢地拥抱痛感，先做出外部的行动，后收获内心的改变**。

从解决问题的彻底程度上，断舍离的确是一门"武林绝学"，只要练成了它，就能打遍天下无敌手。但也正因为它是绝学，所以才注定了只有少数人才能练成。

在整理物品中练习做决策

在本书的开头，我分享了自己的故事。我曾经读了 7 年通信工程专业，又从事了近 10 年通信工程师的工作。那个时候，我很难想象现在的自己会把整理作为职业。

整理是我从小就喜欢的事情，在每次把房间收拾得整整齐齐时，我都能获得心流的体验。当年我看了一些整理启蒙书籍之后，便开始写公众号输出自己的心得。慢慢地，有人找我去帮忙整理他们的家。然后有人问我，能不能开课教他们整理……于是我开始了自己的"斜杠"人生。

但"斜杠"人生一点都不好玩，工程师和整理师这两个身份很快就在我这里"打"起来了。白天我是一名工程师，每天跟机器打交道；晚上和周末，我除了陪伴孩子，还要写文章、讲课、去客户家整理。

家人很支持我，帮我照料家里和孩子，让我没有后顾之忧。但对我来说，在业余时间做整理工作，不得不占用大量晚上和周末的时间。每当我周末两天都在外面工作，回到家看到已经熟睡的孩子时，内心的愧疚感都会让我难以忍受。白天黑夜加周末连轴转的模式也影响了我的健康。不仅腰疼的老毛病复发，深夜写作也让我备受失眠的困扰。

稳定的收入、内心热爱的职业、给家庭和孩子的陪伴、健康的身体……当我的能力无法同时满足这四者的时候，唯一值得我舍弃的，只有那份稳定的收入。只有金钱，是失去了还可能再回来的。

想到这里，我毅然决然地提出了辞职，成了一名全职整理师，一直干到了现在。

在这几年里，经常有人在听说我的经历后，问我他们要不要辞职去做想做的事情。我很少直接给他们明确的答案，一方面，我认为自己不能随便参与他人人生中这么重大的决定；另一方面，我深知这不是聊天可以聊出来的选择，它是需要"决策肌肉"才能做出的行动。

在我们的人生中，经常要面对一些像"要不要辞职"这样的重要决策：要不要学这个专业？要不要跟这个人在一起？要不要做这个投资？……在这些场景下做出正确选择和决策，对我们人生的影响要远远大于努力和勤奋本身。我们需要做决策的能力，但这种能力不是与生俱来的，它就像我们身体的核心肌群一样，要靠不断地锻炼才能变得强壮。锻炼决策能力的方法有很多，而**从整理你的空间和物品开始**，是最简单、最直接的一种。

相比于躲藏在海平面以下的思维世界，物理环境是我们直接用眼睛就能看见的；相比于改变自己内心深处的想法，挪动和扔掉一个东西也要容易操作得多；更重要的是，比起错过一个重要的人、失去一个重要的机会给我们带来的损失，扔错一个东西的代价也是最小的。如果你害怕在重要的时刻犯错，那就可以在扔东西这件事上，先试着犯一点错来积累经验。

学习整理，最重要的从来都不是要不要扔掉眼前这个东西本身，而是我们要不要利用这个机会，进行试错成本最低的决策练习。

我认为沉没成本不是成本，心理成本也不是成本，成本的唯一定义是"放弃了的最大代价"，也就是说"如果不舍弃这些东西，将来我会失去什么"。从家居整理的角度来说，我们可能会继续失去空间、精力、时间和拥有其他东西的可能性。在我们的人生中，如果对一些人和事一直抓住不放手，那么，我们就无法拥抱未来可能更好的一切。

我们总是喜欢从"找出 100 件必须扔掉的物品""如何处理不需要的物品"开始学习断舍离，但这只是技术层面的做法。从现在起，**请不要再从这些技术开始，而要更多地从你的目标开始**。

我们总把关注点放在"我什么时候买的""我花了多少钱买的""我以前如何使用它"上，但这只是过去。从现在开始，请不要再困在过去，而要更多地想象你的未来。

薛兆丰老师在他的经济学课上讲到，自律的背后是想象力，靠的是信念，是对未来前景的想象，"一个人越是把未来看得重大，看得清楚，他对自己的自律就会越强"。假如整理最终能让我们在未来过上理想的生活，那么你对这个"未来的理想生活"有多少具体的想象呢？无论是更美好的家，还是更轻松的生活，更惬意的人生……如果你真的对它们充满期待，那么从现在开始，就要主动为它们做点什么，而不是等待它们自动出现。

打造一个低熵的收纳系统，要通过"显性化—结构化—个性化"的过程来实现。筛选这一步，就是在完成个性化。个性化并不是从无到有的凭空创造，而是从剔除那些我本不需要的、与我自身的目标在本质上并不相干的事物开始的。

到这里，如果"集中""分类""筛选"这 3 个步骤你都顺利完成了，那么现在呈现在你面前的应该是这样的景象：物品都分门别类地形成了一个个大大小小的队伍，在这些队伍中，每一件物品都是你明确需要的、符合你的整理目标的，至此，我们又拿到了整理过程分的第 3 分。

接下来，让我们进入期待已久的最后一个步骤——收纳。

CHAPTE

R06

第 六 章

收　纳

为了新的目标，重构模型

做什么：如何规划生活 ■□

我们每天都在家里做些什么

"这个东西放在哪里好呢？"

"这个柜子空着放点什么好呢？"

这是我日常做咨询的时候听到最多的两个问题。如果你以前也总是这样收纳，就会发现自己很容易陷入死胡同：这个东西放在哪里好呢？这里有空，先随便塞一下，那里有空，再随便塞一下……最后同类物品被分散在各处很难找到，收拾好了也难以维持。这个柜子空着放点什么好呢？空着好难受啊，放点什么把它填满吧……最后买了一堆本来不需要的东西。

要走出这样的死胡同，就要先改变思考问题的顺序。经过前面的步骤，我们已经检查了旧"发动机"的问题，对零件进行了拆卸清点，扔掉了那些损坏的、用不上的旧零件。接下来我们要做的事情，是把它们按照我们的需求重新组装成一个新的"发动机"。

如图 6-1 所示，收纳规划分为 3 个步骤。

1. 做什么

我在家里都有一些什么样的日常活动？这些活动都有谁参与？会在哪里做这些事情？发生频率如何？

2. 用什么

做每件事情都要用到一些什么样的物品？

3. 怎么放

这些东西应该放在哪里？用什么家具和工具收纳？如何陈列摆放？

做什么　做什么日常活动　谁　在哪里做　发生频率如何

用什么　需要用到什么物品

怎么放　放在哪里　用什么家具和收纳工具　如何陈列摆放

图 6-1 >>>
收纳规划的 3 个步骤

空间和物品本身只是独立的要素，它们之间没有关系，而我们做收纳的规划，就是给它们建立各种关系，让它们共同为一个目标服务，而这个目标就是我们的生活。因此，我们首先要想清楚的是自己在家里都要"做什么"。

也许你会觉得奇怪，做什么还需要思考吗？我曾经也认为这是每个人理应知道的事情，结果不少学员在做课程练习的时候却卡在了这里。我总结了一下，大致有下面几个原因。

1. 缺少生活经验

学员晓晨来上整理课的时候刚好新婚，当我让大家写下自己每天都在家做什么的时候，她犯了难。她说："我不知道自己会在家做些什么。"

她从小和父母生活在一起，在家里的主要活动就是学习。刚刚离开父母身边建立自己的小家庭，她还没有真正体会过维持一个家庭的运转都需要做些什么。我相信，等 3 年后我再问晓晨这个问题时，她一定会列出一张长长的清单。如果你也有和晓晨类似的困扰，可以不用着急，多给自己一点时间。

2. 没有有意识地觉察生活

每天在家里忙得停不下来，但要问你做了什么，你好像又说不出来。大量琐碎的家务，每一件单独拿出来好像都不能算作"事"，但一件件积累在一起，就占用了你大量的时间。而做这些事情的时候你也总是无法专注，一边晾衣服，一边想着孩子的作文还没有辅导；一边炒菜，一边又想到领导的信息还没有回复……我们很少在叠衣服的时候就专注于叠衣服，做饭的时候就专注于做饭，一心二用并不会让事情做起来更快更好，反而会增加内心的焦虑。

如果你也有这样的感觉，可以尝试停下来，调动你的五感，去觉察和体验当下的每一个具体活动。在每天晚上休息之前，花 10 分钟把自己这一天在家里做过的事都记录下来，只要坚持 1 ~ 2 周，对"做什么"这个问题你就可以有非常清晰的答案了。

3. 生活重心不在家庭

还记得前文中写到的找充电宝的肖先生吗？为他做整理服务的过程让我有了很多不一样的体会。比如，在整理床单的时候，通常我们会让客户自己筛选需要留下哪些，但是肖先生在这件事情上犯了难。他说，他也不知道自己需要哪个床单，请我们帮忙决定。我当时很疑惑："怎么会有人不知道自己需要哪个床单呢？"后来我才明白，床单对肖先生而言是"只要有就行"的物品，他不会在意今天床上铺的是哪个床单，自己是不是喜欢，只要放得下、找得到、有得用就行。于是，我们直接帮他按照床单的材质和新旧完成了筛选。

作为一名企业家，肖先生的大部分注意力都在家以外的地方，例如在事业上、在为社会创造价值的地方。对吃穿用度相关的事情，他并没有特别个性化的需求。因此，家里很多功能性的物品，例如碗盘、清洁工具、维修工具等，我们也都在征求他的同意后替他完成了筛选工作。

把"做什么"列出来之后，请你找一张家里的户型图，把这些活动分配到不同的空间中，我们将它称为"生活地图"。

以我的家为例，生活地图如图 6-2 所示。

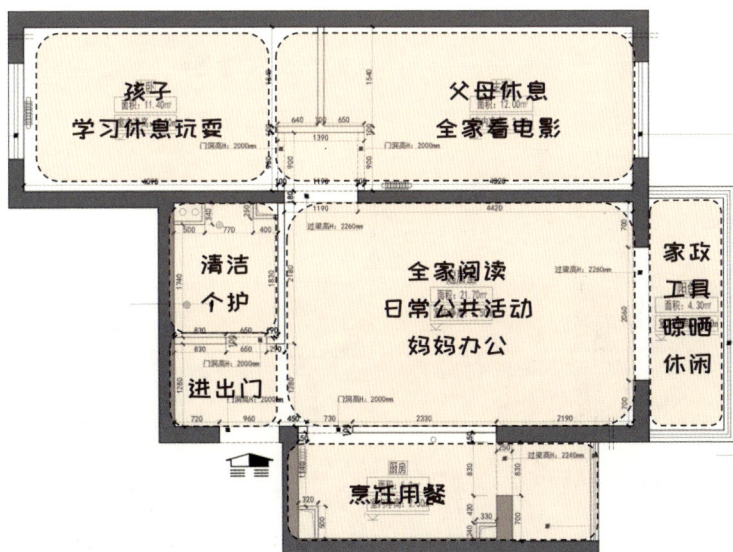

图 6-2 >>>
我家的生活地图

　　画生活地图最好的时机，并不是在我们打算动手整理的时候，而是在装修前，甚至在买房子前。我们在拿到一个户型图时，就可以尝试把自己的日常活动填到各个空间里。在住进一个房子之前就做这件事，可以让问题得到最大程度的优化。如果你家的公共活动比较多，你和家人都喜欢互相陪伴的家庭生活，就需要较大的客厅（见图6-3）；如果你和家人各自的私密活动比较多，或者希望每个人都更加独立自主，那各自的房间就要较大。

　　我们可以画两张不同的地图，一张是现状——目前在什么地方做些什么活动，一张是理想目标——我们希望在什么地方做些什么活动。这个对比会给你带来很多新发现。

图 6-3 服务案例 >>>
生活地图中全家人和宠物共享的客厅

　　如果你画不出现状，或者现状画出来非常复杂，那就说明你没有做好家庭功能的分区，很多活动没有固定的场所，或者一个活动被分散在了各个空间，这会让你产生一种"很多事情都没有办法好好做"的感觉，必然会给你带来很多收纳上的问题。

　　如果你发现生活地图的现状和理想目标有很大差异，那说明当下的生活不是你想要的生活。这时候，无论你怎么去摆弄家里的收纳，都很难在这个空间里得到最终的幸福感。这个问题已经超出了家居的领域，需要从整个人生的角度去思考。但我们经由收纳规划的过程发现了这个问题，就已经是很宝贵的收获了。

　　如果你试着让家人也画一画这两张地图，还会得到更多有意思的结论。

　　很多人在学完整理之后，都扔掉了客厅的沙发，或者把大沙发换成小沙发。他们发现，自己在客厅的活动已经不再是传统的"坐在沙发上看电视"，需要待客的机会也很少，取而代之的可能是在家办公、阅读、健身和陪孩子一起玩游戏……而这些活动，不但不需要沙发，自己和家人还会被这个庞然大物严重影响到生活体验。

　　但是，很多女主人在做出扔掉沙发决定的时候，都会遭到男主人的强烈反对。刚开始，她们对此都非常生气：为什么他非要在家里留着一个没用的家具？为什么他就不能接受新型的家居空间模式？直到她们开始画生活地图时才发现，如果让男主人来画这张地图，他们几乎只能画出两个活动——躺在床上睡觉和躺在沙发上玩手机，家里的其他空间都是一片空白。

　　我们先不讨论男性对家务劳动的参与度这个问题，只从需求的角度来说，男性对沙发这么重视，是可以理解的——毕竟它是让他们在这个家里有存在感的东西之一。

还有一位学员分享说，她画完生活地图之后，发现丈夫在家里完全没有自己的空间，虽然他每天要在家里看书、健身、休闲，但都只能临时找个地方来完成，几乎就是在家里各处"流浪"。如果一个人连进行日常活动都处于"流浪"状态，那物品在家里到处"流浪"，看起来乱七八糟，也就再正常不过了。

有孩子的客厅应该是什么样

有一位年轻的妈妈小米，想让我们整理她的家。她和我抱怨说："没有孩子的时候感觉挺好的，家里怎么都乱不到哪里去。但有孩子后，家里到处都是孩子的东西，我真想回到没生孩子的时候啊。"这样的困扰，相信很多刚刚为人父母的人都深有体会。

我去小米家做咨询时，看到她家的客厅里摆着大大的皮质沙发和超大尺寸的电视，地上却堆满了 1 岁孩子的娃娃和积木。小米的内心还停留在"二人世界"的状态，而现实却是"三口之家"的状态，这种看不见的冲突，在客厅这个物理空间里，具体而又真实地呈现出来了。

用物理空间去对抗生活的变化是无力的，孩子已经生出来了，而且会慢慢长大，再回到二人世界是不可能的。如果我们拒绝对物理环境进行相应的改造，最后必然会令生活在其中的每一个人都不舒服。

有孩子的家庭的客厅应该是什么样呢？答案是，应该跟着孩子一起长大。

以我家为例，在我刚结婚的时候，我家客厅里也摆着沙发、电视和茶几这样的传统"3 件套"（见图 6-4）。

图 6-4 ▷▷▷
刚结婚时的客厅

图 6-5 ▷▷▷
儿子出生后的客厅

在儿子出生后，当他学会走路，并可以在家里自由活动时，我处理了孩子容易磕碰的茶几和收纳功能有限的电视柜，在沙发旁边专门建立了亲子活动区（见图 6-5 ）。

在儿子 3 岁时，我们搬到了有儿童房的新家。这个时候他已经可以自己在屋里玩了，但大部分时间还是跟我们在一起，客厅依然是我们全家最主要的公共活动空间，日常要在这里一起玩耍、阅读。为了配合低龄儿童喜欢趴在地上的习惯，我在书柜前摆放了单人小沙发、低矮的圆几，并铺上了大大的地毯（见图 6-6 ）。

在这个阶段，客厅地面上铺满了玩具是我家客厅的常态，我们从心理上也完全接纳了这就是一个 3 岁儿童玩耍的空间。收纳系统合理，收拾起来很快，对我来说也并没有什么压力。

等到他上小学后，需求又发生了变化，他要写作业了！最开始，我们需要陪伴他养成良好的学习习惯，客厅被重新定义为"工作和学习的空间"，玩耍的功能则完全规划到儿童房里了。我把地毯、圆几撤掉，单人沙发挪到阳台去，在客厅正中间摆上了一张大桌子（见图 6-7 ）。

图 6-6 ⟫⟫⟫
儿子 3 岁后的客厅

图 6-7 ⟫⟫⟫
儿子上小学后的客厅

现在，我的儿子已经 10 岁了。从小学三年级起，我就不怎么需要陪他写作业了。现在，他学习、玩耍和休息都在自己的儿童房，客厅变成我办公、全家阅读和公共活动的空间。针对这一变化，我对整体格局没有进行太大的调整，只是把孩子的文具和学习资料全部转移到儿童房了。

虽然整个过程有一些折腾，但每一次顺应生活状态的调整，都给我和家人带来了非常舒适的体验。

我参与了很多有孩子的家庭的整理服务，所有收纳规划都是依据和孩子有关的生活地图来做的。

● **案例 1**

小主人 3 岁，孩子的玩具散落在客厅各处，霸占了大人原本用来喝茶、招待客人的主要空间（见图 6-8a）。孩子在上幼儿园后，待在家里玩耍的时间已经大大减少了。因此，我们把另一个房间作为孩子的玩耍区，把玩具全部整理转移，让客厅回归原本的功能（见图 6-8b）。这是完全属于大人的客厅。

图 6-8a 服务案例 >>>
整理前客厅堆满了孩子的玩具

图 6-8b 服务案例 >>>
整理后客厅恢复了原本的功能

● 案例 2

　　小主人 5 岁，家里面积大，空间充足。妈妈希望把孩子的学习、阅读、玩耍这 3 件事情分开。我们把其中一个房间专门打造成家庭教室，客厅则用来收纳孩子的所有玩具和绘本，基本放弃大人的需求，变成单纯陪孩子玩耍的空间（见图 6-9）。这是完全属于孩子的客厅。

图 6-9 服务案例 >>>
完全属于孩子的客厅

● 案例 3

小主人 5 岁，家里的面积小，客厅必须兼作妈妈在家办公、亲子活动、日常公共活动的空间。妈妈希望在满足所有需求的同时，不要因孩子四处散落的玩具而影响自己的心情。于是我们将客厅分隔为两个部分，用沙发从中间隔开，形成了一个边界，让妈妈在家办公和孩子玩耍互不影响（见图 6-10）。这是共享又有边界的客厅。

● 案例 4

两个小主人分别是 7 岁和 5 岁，妈妈是亲子阅读专家，她除了会花大量时间陪伴孩子阅读，日常还要在家办公，工作也要用到很多书籍，并需要这个空间作为直播的背景。我们规划了一个完全共享的客厅，一侧是大型书柜，收纳妈妈的工作用书以及和孩子共读的书；另一侧是妈妈的办公桌，中间是可供亲子阅读的舒适沙发（见图 6-11）。这是完全共享的客厅。

图 6-10 服务案例 >>>
共享又有边界的客厅

图 6-11 服务案例 >>>
完全共享的客厅

我经常收到有关生活规划的问题，例如"究竟应该让孩子在哪里玩耍""究竟应该让孩子在哪里学习""我应该在哪里阅读""老人应该住在哪个房间""丈夫应该在哪里玩电子游戏"……

虽然我可以根据自己做过的整理服务给出一些建议，但本质上这并不是整理领域的问题，而是人生的课题。整理收纳解决的是如何搭建环境来服务你的生活，**至于"我现在想怎样生活"这个问题的答案，最终还是要靠你自己寻找。**

厨房太小了怎么办

为了方便孩子上学，苏苏一家 6 口（夫妻俩、2 个孩子、奶奶和育儿嫂）要从 126 平方米的大房子搬到 92 平方米的出租屋。如何把原来房子里塞得满满的东西，都妥善安置到小了 30 多平方米的新房子，对我们来说是一次很大的挑战。

最大的冲突来自厨房，苏苏讲究食疗养生，家里有各种滋补食材、干货杂粮。新房子的厨房只有七八平方米，放不下这些东西。除了在厨房内部增加柜体进行扩容，我们还不得不占用一部分客厅的空间。

如果要把厨房的东西分到客厅，哪些可以分出来呢？

从生活地图的角度来看，如果需要拆分，我们就要先对饮食这项活动本身进行拆分，这时候我们可以有很多种不同的分法。

1. 按照使用效率分

厨房内部是高效的空间，把最常用的食物、工具、餐具放在厨房内，不常用的放在客厅、储物间等其他地方。

2. 按照加工条件分

把需要冲洗、开火的食材放在一起,优先利用厨房内的空间,不需要冲洗、开火的食材,例如烘焙用品、冲饮、零食等放在客厅或者其他地方,这是很常见的做法。我们就给苏苏家做了这样的安排,在客厅里用餐边柜收纳了咖啡、茶、直接吃的补品、孩子的零食,另外还有一小部分厨房电器。

3. 按照早餐和午晚餐分开

在中国人的饮食习惯中,早餐和午晚餐可能会有很大差别。有时候早餐吃一块面包、喝一杯牛奶就能解决,就算要加热速食也不用开火。午餐和晚餐则要复杂很多,要用到各种食材、工具和电器。如图 6-12a 和图 6-12b 所示,就是根据早餐、午餐和晚餐来规划的厨房。

除了把大的活动场景拆分为小的活动场景,有时候也需要把原本被拆开的活动场景合并在一起考虑。

同样以厨房为例,我们习惯把做饭和吃饭看作割裂的两部分来对待,但实际上做好的菜要端到餐桌,吃饭的过程中要拿餐具、调味料,吃完

图 6-12a 服务案例 >>>
根据早餐规划的厨房

图 6-12b 服务案例 >>>
根据午餐和晚餐规划的厨房

饭要把碗盘拿回厨房清洁……如果这两个活动场景距离太远，就会带来很多收纳上的问题。考虑餐厨一体化会带来很多生活上的便利。

如图 6-13a 所示，我家的厨房原本是长条形的，在这种格局下，做完饭要端着菜绕过一个门，才能来到餐桌前，吃完饭收拾残局也同样很麻烦。最重要的是，我不喜欢一个人在厨房孤孤单单做饭的感觉。在我的生活地图里，应该有一个理想的目标，是家人相互陪伴、一起做饭吃。

从这一点出发，装修的时候我果断打掉了隔在餐厅和厨房之间的墙壁，创造出了一个开放式的餐厨共享空间（见图 6-13b）。我已经在这个家生活 7 年了，一直觉得这是我在装修时做过的最不后悔的决定之一。

图 6-13a ▶▶▶
我家厨房装修前

图 6-13b ▶▶▶
我家厨房装修后

当我们定义了一个日常活动，却发现无法很好地将它分配到现有的空间时，就要对这个活动进行拆分和重组，让空间和生活需求恰到好处地适配起来。这就是从收纳的角度对生活进行规划的思路。

用什么：如何规划物品 ■□

东西一定会出现在你使用它的位置

家在南方城市的珍妮来找我咨询，她马上要当妈妈了，准备装修的新房子有两层楼，楼上是厨房、餐厅、客厅和卧室等主要功能空间，楼下是一个下沉的阳光房。她的疑问是，能不能让孩子在楼下阳光房玩耍，收纳功能则安排在楼上？

有着类似情况的还有我的另一个客户琳琳。她和丈夫还有不到 2 岁的女儿的家是一个两居室，客厅是传统的沙发配电视的影音空间，收纳了公共物品；主卧是一家三口休息的地方；次卧摆放了大床和衣柜，随着女儿物品的增多，里面也收纳了一些孩子的书籍和玩具。她的疑问同样是，能不能让孩子在客厅玩耍，收纳功能则安排在次卧？

在珍妮和琳琳遇到的问题里，存在一个常见的误区——把生活和物品强行分开了。

孩子主要在客厅玩耍，但玩具收纳在儿童房；日常在卧室办公，但办公资料收纳在客厅的柜子；进门在玄关脱外套，但挂衣架摆放在房间尽头的储物间……为了看不见乱糟糟的东西，我们总会不自觉地要把日常活动和收纳从空间上分开，但事实上，你用到的东西，在绝大部分时间都会出现在使用它的位置。如果想要高效地维持整洁，就要把活动和收纳尽可能安排在同一个空间。

"孩子的玩具到底应该放在哪里？"在解答这个问题之前，我们先试着画一下琳琳家的生活地图（见图 6-14）。

不到 2 岁的孩子，玩耍的时候通常需要陪伴，如果爸爸妈妈日常都在客厅玩游戏、追剧、休闲……那孩子大部分时间也会待在这里。在生活地图上，孩子玩耍这件事情只会发生在客厅。那么，无论我们把玩具收纳在哪里，孩子都会把它们搬运到客厅。如果玩具收纳在次卧，那我们就不得不日复一日地把客厅的玩具搬回次卧。但如果玩具就收纳在客厅，那这个工作很快就能完成，甚至可以教会孩子自己完成。

因此，从更容易维持的角度来说，我们需要在客厅实现玩具的收纳。

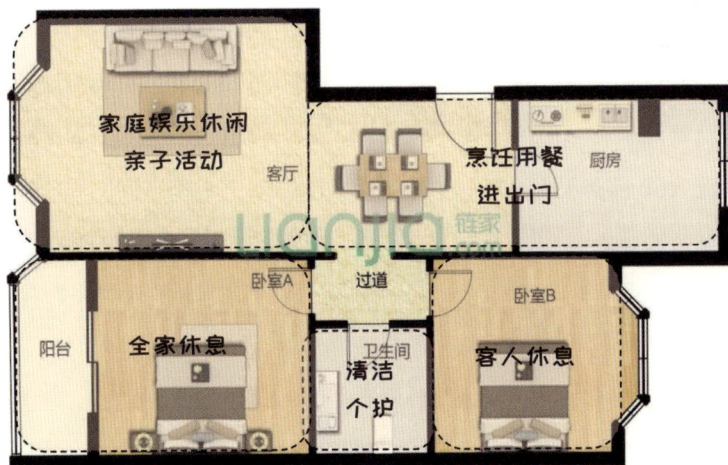

图 6-14 >>>
琳琳家的生活地图

图 6-15a 服务案例 >>>
客厅柜改为玩具收纳柜前

图 6-15b 服务案例 >>>
客厅柜改为玩具收纳柜后

在琳琳家的客厅靠近阳台的位置有一个储物柜（见图 6-15a），我们把中间部分的门拆掉，改造成了开放式的玩具收纳柜（见图 6-15b）。这种方式对小朋友非常友好，她很快就可以自己学着将玩具归位了。

我想，现在你一定能解答住在二层楼里的珍妮的问题了吧。

如果我们把楼下的阳光房作为孩子的玩耍空间，那么孩子的玩具最好就收纳在这里。在孩子出生后的很长一段时间里，几乎随时都要使用纸尿裤、水壶、奶瓶、干湿纸巾、棉签、润肤霜、童书和小床品，这些东西，是必须跟在孩子屁股后面走的。如果我们把它们收纳在楼上，那照顾孩子的人就不得不每天抱着孩子上楼、下楼，拿东西、放东西。在这种情况下，希望家里长久地保持整洁是不现实的。

在这里做什么，就把做这件事情需要用到的物品收纳在这里。明确了这个原则后，我们就可以在生活地图的基础上给物品确定收纳位置了。如果你已经掌握了"整理四步法"的第二步"分类"，那现在你应该能够画出如图 6-16 所示的家里物品的分类结构图了。

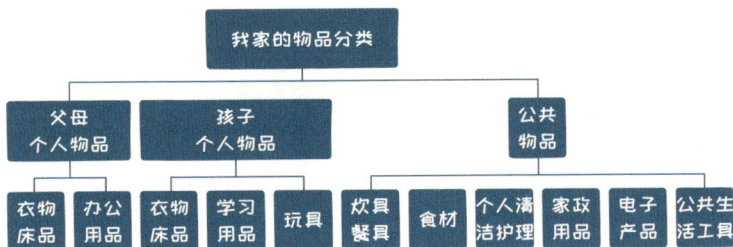

图 6-16 服务案例 >>>
家里物品的分类结构图

现在让我们再拿出家里的户型图，就像画生活地图一样，把每项活动需要用到的物品放在对应的空间里。我将这张地图称为"物品地图"（见图 6–17）。

在做物品规划之前，尝试画一下物品地图的现状，也会帮助你发现很多收纳的问题。

1. 无法描述目前某个空间里具体放了什么物品

不知道这里放了些什么，或者东西过于琐碎无法简单描述，必须列一个长长的清单。这说明前面的步骤还没有做好，没有完成显性化和结构化，这时候急着收纳是没有意义的。需要从头开始，认真把集中、分类和筛选的工作完成，保证对物品做到心中有数、归纳清晰。

2. 同类的物品被分散在了家里各处

像剪刀、纸巾之类高频使用的物品会出现在家里的各个地方，这很正常。但如果我们家里大量的同类物品都存在被分散在各处的情况，那么恭喜你找到了收纳系统不好用最核心的一个问题——同类被拆分。正是这个原因导致我们总是记不住、找不到以及归位时很麻烦。

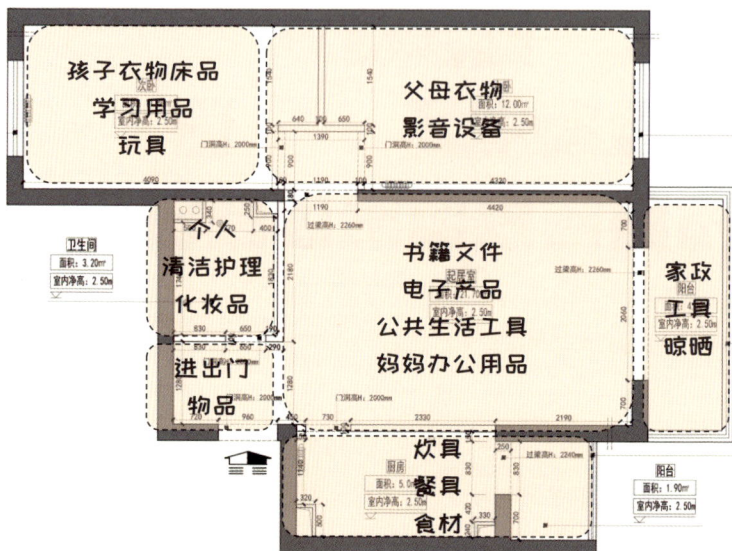

图 6-17 ⟩⟩⟩
我家的物品地图

    这并不是什么疑难杂症，只要把物品全部拿出来，完成分类后，尽量把同类物品都放在一起就可以了。

3. 重新规划后出现了多余的物品

    用基于生活地图画物品地图的思路来完成收纳规划，结果发现之前整理出来的东西，无法放入这个规划中，它们变成了多余的东西。

    例如，整理出来了各种健身器材，但生活地图上并没有"健身"这一项，在家根本没有时间用来健身；整理出来了老人的物品，但老人已经不和我们同住一个屋檐下了，目标生活地图上没有属于老人的活动空间……如果你有了这样的发现，那么同样恭喜你，这也是一个非常有价

164

值的发现——我们在家里保留了太多根本不需要的东西，请把它们立刻流通出去吧。

对收纳来说，生活需求和日常习惯是很难撼动的真制约，无论我们愿不愿意，物品都一定会出现在我们使用它的位置上。用收纳去对抗生活需求，基本上都会以失败告终。按照"做什么—用什么"的顺序，**从生活需求推导出物品规划**，才能让收纳服务于我们的生活。

明明有储物间为何还这么乱

我生活在北京，每次开车出门都令我很头疼，因为很多目的地的附近都没有足够大的停车场，所以我只能将车停到很远的地方再走到目的地。铃木信弘在《住宅格局解剖图鉴》里讲到，家里的收纳跟停车也是一样的，就算有足够大的停车场，只要距离太远，作用立刻减半；就算有足够大的柜子，如果位置不对，你也不会愿意将物品放回去。

一提到物品放不下，很多人就想在家里打造一个专门的储物间，但储物间往往就像距离很远的停车场，并不一定真能帮你解决问题。在决定是否需要储物间之前，我们要先考虑以下几个问题。

1. 储物间本身的位置和方便程度

如果你家的面积比较大，储物间又只能安排在房子的角落，那里面就只能放行李箱、纪念品、节庆用品等一两个月甚至一年才会用一次的物品。

有的楼房会给每个住户额外配备地下室作为储物空间，很多人买房子的时候都会被这一点吸引，觉得自己那么多的东西终于可以放得下了。

但事实上，我见过的要专门跑到楼下去储物的空间，里面都堆满了从来不用的物品，物品放进去就再也没有拿出来过。类似的还有需要上翻盖的榻榻米，使用的时候还要挪走放在上面的床垫和被褥，几乎就只能放不怎么用的东西。

相反，如果你有条件把储物间设置在家庭动线中心，比较方便进出，则可以作为家里有效的收纳补充空间。我的一位整理师朋友就在家里一进门的位置规划了这样的储物空间（见图 6-18）。储物间的前面是大门，后面是卧室和洗手间，左边是厨房，右边是客厅。如果这是一个停车场，那它一定是市集中心的停车场，每一个来逛市集的人都会愿意把车停在这里。

2. 应该把哪些物品放到储物间

我的客户西西的家里就有一个看起来特别好用的储物间，里面有整面墙的置物架。西西生完宝宝在月子中心住的时候，请搬家公司帮她把东西搬到了这个新家。等西西回家住之后，却经常找不到东西，新买的东西也不知道应该放到哪里。我们仔细看了她家里各个空间的收纳，发现就是储物间的物品规划出了问题。

如果我们尝试给西西家画一下

图 6-18 服务案例 >>>
位于家庭动线中心的储物间

物品地图，会发现它不但模糊不清，而且和生活地图完全不匹配。

储物间作为独立的收纳空间，通常用来放换季用品、消耗品囤货等不常用的物品。但西西的储物间里放了很多常用的小工具、文件、婴儿用品，而相对不常用的文件、纪念品则被放在了客厅最好用的书柜里。锅具和一些食材也被分散放在厨房和储物间，没有按照使用频率做区分。

我们帮助西西把家里各处的物品全部集中分类后，把常用的物品都收纳在了客厅、洗手间、厨房、玄关这些高效空间里，方便她随时拿取使用。储物间则用来放不常用的物品和消耗品囤货，大部分时候都不需要进去找东西（见图 6-19）。

3. 你到底有多少不常用的东西

前文提到的肖先生，他的家里也有一个很大的榻榻米空间。作为企业家，肖先生有大量不能扔但又不使用的商务往来礼品。我们把他家日常无人使用的次卧定义为专门的储物间，用来收纳这些东西。

图 6-19 服务案例 >>>
整理后的储物间收纳不常用物品

在提出这个解决方案之前，我们也曾建议他把这些东西放到榻榻米里面，但他当时说了一句让我记忆犹新的话："榻榻米就是物品的坟墓。"这真是一个精彩的定义。物品放在这种极其不方便的位置，就会"一经收纳，永不使用"，真的与进了坟墓没有什么区别。如果一个并不是很方便的储物间对你来说至关重要，那就意味着你的生活被大量本不需要的物品填满了。物品待在"坟墓"里并不会快乐，而拥有各种"物品坟墓"的我们，同样不会快乐。

不过，我们最后给肖先生的建议依然是下次搬家的时候要选择一个有超大储物间的房子。他在和我们一起整理这些礼品的时候开玩笑说："总是收下一些没用的东西，增加收纳负担，这些都是跟我'有仇'的人送我的吧……"我和他说："既然都是'仇人'送的东西，又不能扔掉，那下次我们专门给它们安排一个'坟墓'，就再合适不过了。"

因此，设置储物间本身没有对错，它能否在我们的生活中发挥作用，**完全取决于我们自己的使用方式**。

柜子里面也不能随便放

有一次在我带实习生做上门整理时，发生了一件特别有意思的事情。

我们整理的目标是一个储物间，女主人小卡很爱收拾，但这个储物间被全家人共同使用，大家的日常习惯各不相同，因此各种杂物被胡乱放在了柜子里，地面上也堆满了东西。小卡每次收拾好了，过不了多久就又会变得乱七八糟（见图 6-20a）。

我们把东西全部掏出来，经过集中、分类、筛选后，大家开始按照事先的规划往储物间里放东西。放着放着，小卡忍不住了，自己开始动手收拾，最后大家插不上手，只好站在储物间门口看小卡在里面大展拳脚——这里有空塞一双鞋，那里有空塞两瓶清洁剂……我看着整理师的表情变得沮丧了起来，原本分类好的物品，又被拆开了，空间似乎被塞满了，却越来越乱，眼看着这个柜子就要变成"整理了却跟没整理一样"了。

我把小卡叫到一边，请她对照这个空间，说说目前每个位置都放了什么东西。结果她描述起来非常琐碎而复杂，根本说不清楚。我们回顾了最初的目标，明确了小卡其实完全有能力让这个储物间变得整齐，我们要解决的问题是她的家人无法配合她的想法收纳，记不住什么东西应该放在哪里，导致很快就会变乱。为了让家人更好地理解，首先必须保证分类足够清晰和简单，也就是说，相比于尽量塞满，让同类物品放在一起才更重要。

经过对目标的回顾，小卡才突然意识到，自己回到了旧做法里了。

于是，我们对这个储物间重新进行了调整，按照尽可能清晰的分类来摆放物品。

神奇的是，原本眼看着就要塞满的柜子，在严格按照分类收纳后，竟然空出来了两个格子。也就是说，当我们一门心思追求尽量多塞东西的时候，反而适得其反，而把同类物品放在一起，最终帮我们节省出了空间（见图 6-20b）。

很多人会选择在客厅做一整面墙的大柜子，把家里的书籍和各种生活杂物都集中收纳在一起。这样的柜子尤其适合小户型，能够从很大程度上缓解收纳压力。但因为柜子占据了一整面墙，所以究竟什么位置应

图 6-20a 服务案例 >>>
整理前储物间被随意塞满

图 6-20b 服务案例 >>>
整理后储物间按照类别分区

该放什么东西，让很多人感到头疼。

我在这里分享 3 个可供参考的原则。

1. 上轻下重：柜子的高处和低处都是不太方便拿取物品的地方，要放不是那么常用的物品。在这个基础上，尽量把轻的物品放在高处，重的物品放在低处。

2. 中间常用：最常用的物品放在中间，也就是从膝盖到胸部高度的黄金位置。

3. 左右关联：柜子左右应该如何安排，要考虑和其他空间的关联，例如柜子左边靠近玄关，就可以作为进出门物品的辅助收纳。

图 6-21 是我家客厅的大书柜，宽 3 米多，高 2 米多，是我的"收

图 6-21 ›››
我家的大书柜

纳担当"。中间是常看的书和常用的文件，其中最好用的腰部位置有一排
抽屉，放的是文具、小工具、药品等，高处放的是纪念品和节庆用品这
些不常用的物品，最下面收纳的是运动器材、新的本子、棋牌、我讲课
的教具等不是特别常用又比较重的东西。按照左右关联原则，靠近卧室
的一侧收纳了孩子的书籍，靠近书桌和阳台的一侧则收纳了大人的书籍
和我日常的办公用品。

我们去帮一位育儿博主做客厅整理的时候，也看到了这样一整面墙
的大书柜。原本各种书籍、孩子的玩具、电子产品、化妆品囤货和生活
杂物都随意混放在一起（见图 6-22a）。我们也是按照上轻下重，中间常
用的原则来做的整体规划。左侧靠近餐厅和卫生间，收纳家里的零食和
女主人个护化妆品的囤货，右侧靠近阳台儿童活动区，收纳孩子的玩具
（见图 6-22b）。

在这里我要提醒大家一点，轻和重、高和矮，都是相对于使用者

图 6-22a 服务案例 ›››
整理前大书柜的物品杂乱混放

图 6-22b 服务案例 ›››
整理后大书柜分区收纳

而言的。如图 6-23 所示，对孩子来说，靠近地面的空间才是最好用的，应该放他们自己能够拿取的常用物品。孩子们觉得很重的物品，对大人来说可能很轻，如果不是很常用，就可以放到高处，由大人帮忙从高处拿取。如果是老人日常使用的空间，最好尽量放弃高处，重的物品也不适合放在低矮的地方，否则拿取时很容易受伤。老人的日常物品，都尽量放在高度在腰部以上、胸部以下这个最好用的空间。

确定了物品在家里的大致区域，等到往柜子里放的时候，我们依然要守住分类的边界，而不是哪里有空放哪里。**以分类为基础，考虑不同空间的特点和自身的使用习惯**，来完成柜子内部的物品规划。

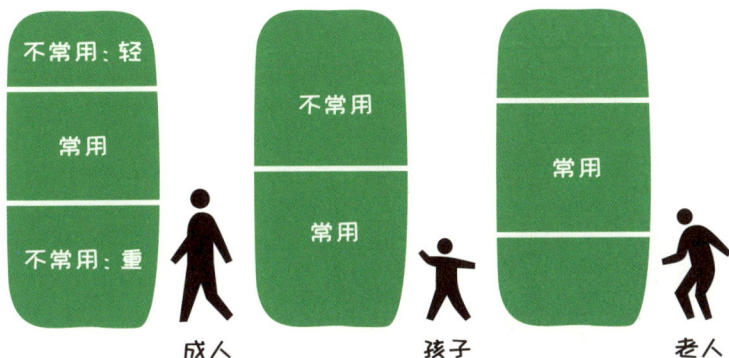

图 6-23 ▶▶▶

针对成人、孩子、老人的不同空间分配方式

"定义"决定"定位"

小山是一位独居的男士，东西少，生活简单，我们帮他整理的过程非常顺利。就在给客厅的收纳收尾时，我们突然从他家里翻出一堆被塞在各个柜子和角落的被子，数了数一共有 9 床，还不包括小山正在盖的那床。

"我只需要 1 床被子，但是我有 10 床被子。"小山感到非常无奈。身体只有一个，被子却有这么多，怎么努力盖也盖不完。

你家有没有多余的被子呢？这么多被子都是从哪里来的？大多数情况，它们都是以"陪嫁"或"结婚礼物"的身份来到我们的家里的。它们寄托着沉甸甸的美好寓意，很多都是新做的棉花被，有的被子甚至连做被子的人、做被子的时间都有讲究，数量也有要求。虽然小山还没有结婚，但妈妈担心他一个人生活冷暖不自知，就不停地给他送来各种被子。可以想象，等到他结婚的时候，被子的数量还会增加。

这么多床被子应该放到哪里去？你肯定不会把它们塞到抽屉里或者书柜里，被子只能找大空间收纳，而我们每个人家里大的储物空间都非常有限。

图 6-24 服务案例 >>>
床底的被子收纳

如果有储藏室，那用来放换季的被子最合适不过了，此外，床底下也是比较适合用来收纳换季被子的空间（见图 6-24）。

在我自己家里，换季的被子被放在衣柜的高处，这里也是一个虽然不那么好用，但容量比较大的空间，如果你的衣柜高处还有空闲的地方，这也是一个很好的选择（见图 6-25）。

但对小山多余的 9 床被子，我们采用了特别的收纳方式。

我们不可能把它们全部丢掉，也不可能把它们全部送回他妈妈那里。我们一起挑选了 5 床太厚完全用不上的被子让小山给妈妈寄了回去，并让他和妈妈说清楚，这只是请她代为保管，等自己回到没有暖气的老家再使用。剩下的 4 床，

图 6-25 >>>
在衣柜高处收纳被子

我们帮小山叠好，放在了他衣柜正中间的位置（见图 6-26a、图 6-26b）。

图 6-26a 服务案例 >>>
打开门，"妈妈的爱"在这里

图 6-26b 服务案例 >>>
门关起来的衣柜就像没有这些被子

　　为什么要放在这么好用的位置呢？第一，中间这扇柜门已经损坏，里面是不好用的层板，这个位置本来就是多出来的，是打算放弃的空间；第二，小山的衣服已经被妥善收纳好了，除了被子，并没有其他尚未满足的储物需求。

　　我跟小山说："你记住，这个位置不叫'被子收纳'，而叫'妈妈的爱'，平时你就当它不存在，完全不需要打开它。但妈妈的爱一直在这里，妈妈来看你的时候，也可以让她看到自己对孩子的关爱并没有被拒之门外，而是被妥善收藏好了。"

　　像这样有趣的事情，我在整理服务中遇过很多。

　　有一次，我从一位客户家里整理出了大量的锤子、螺丝刀、钉子……当时我就问女主人，家里又不是开五金店的，为什么需要这么多维修工具？女主人笑着说，她的丈夫很喜欢收集这些工具，她之前也很难理解，后来丈夫一本正经地跟她说，如果遇到丧尸危机，热兵器是没有用的，这些冷兵器也许可以发挥很大的作用。

听起来真的好有道理啊！

于是我们决定，除了日常真的用来维修物品的那些螺丝刀，剩下的全部放到玄关的大柜子里，不影响日常生活，但万一哪天丧尸真的到来，他们一家人就可在第一时间拿起武器抵御敌人，保护这个小家了。

我曾经帮客户整理过"用来欣赏外包装但并不用的面膜""用来装饰但从来不看的书"……每一件物品到底是因为什么被留在了家里，我们都会有属于自己的答案。请相信，每一个答案都是合理的。

对物品的不同定义，也会决定它们不同的收纳位置。我们在收纳问题上被难住，有的时候是因为物品已经不再具有原本的功能意义，重新审视它，给它一个新的定义，也许你就会豁然开朗。

怎么放：如何规划容器 ■□

功能型家具和容器型家具

收纳系统这个"发动机"的组装顺序分为 3 步：做什么、用什么和怎么放。解决了前两个问题之后，就可以开始思考"怎么放"了。接下来，家具和收纳盒终于要隆重登场了。

先来看家具。

家具在一个房子里的作用并不只是收纳，我们要区分它是功能型家具，还是容器型家具（见图 6-27）。

功能型家具，指的是那些我们用它来开展日常活动的家具，例如床是用来躺的、沙发是用来坐的、书桌是用来学习的、餐桌是用来吃饭的……这些家具通常都有一个比较大的平面，但缺少可以装东西的、有容积的空间。

容器型家具，指的是那些我们用来装东西的家具，例如衣柜是用来装衣服的、书柜是用来装书的、厨房柜是用来放锅碗瓢盆的、浴室柜是用来放化妆品和护肤品的……这些家具通常都有宽度、深度和高度，是有容积的空间。

还有一小部分家具兼具功能型和容器型的特点，例如可以储物的凳子、带书柜的桌子、可以掀起床板放东西的大床……

现在，让我们在家里走一圈，看看自己都有哪些功能型家具，哪些

图 6-27 服务案例 >>>
书桌是功能型家具，旁边的书柜
则是容器型家具

容器型家具？它们是否正在履行自己的职责呢？你也许很快就会发现一些不对劲的地方：沙发和床上堆满了衣服，餐桌上放满了瓶瓶罐罐，书桌上堆满了各种文件和杂物（见图 6-28），也就是说，有一些功能型家具被当作容器型家具使用了。

图 6-28 ▶▶▶
书桌上堆满了杂物

为什么会出现这样的情况呢？

现在让我们再次拿出户型图，把家里现有的容器型家具都标记在上面，我将这张地图称为"容器地图"（见图 6-29）。

请你再拿出之前画的生活地图和物品地图，把 3 张地图放在一起比较，有一个问题会立刻显现：物品地图上列满了东西的位置，在容器地图上却空空如也。

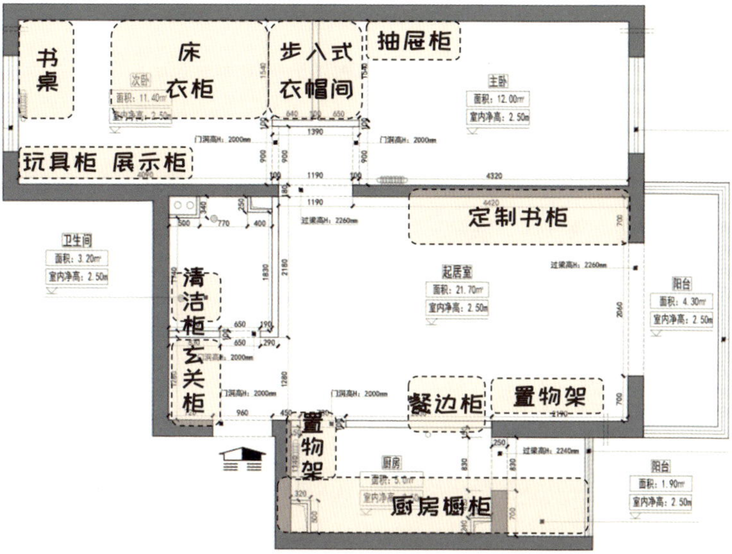

图 6-29 ▶▶▶
我家的容器地图

明明学习的时候要用到各种文具资料，却只有一张空空的书桌，最多也就配了一两个小小的抽屉；明明进门就会脱下外套，但玄关没有任何柜子，也没有挂钩；明明日常吃喝需要各种水杯、餐具、纸巾、瓶瓶罐罐，但面前只有一个大餐桌的桌面……在这种情况下，本身并不应该提供收纳功能的桌面、椅背、沙发和地面，只能挺身而出，让我们把东西都"堆"到它们的身上了。

如果说物品地图之所以必须匹配生活地图，是因为物品一定会出现在使用它的位置，那么容器地图之所以必须匹配物品地图，则是因为物品出现在了这里，就会需要一个容器用来收纳。

　　我在为很多有孩子的家庭做整理服务的时候，都发现孩子的玩具被一盒盒地随意堆在地上，没有专门的玩具柜（见图 6-30a）。有的父母怀疑是否有必要添置一个专门的玩具柜，因为"不希望孩子有太多玩具"或者"孩子很快就不玩了"。这完全颠倒了因果。如果玩具已经存在了，而且一定会出现在这个位置，那么我们就算坚决不买柜子，也并不会让玩具变少，只会让它们因为管理不善看起来更乱而已。

　　物品多和容器少的冲突，最常发生在客厅。作为家庭的主要公共空间，我们对客厅的期待往往是干净、清爽、杂物少，最好只摆放沙发、茶几之类的家具，装饰一些漂亮的地毯、挂画、绿植，其他什么都不要有。但是，客厅又是全家日常活动最集中的地方，这些活动必然会使用大量物品，对能储物的容器型家具的需求非常大（见图 6-30b）。

图 6-30a 服务案例 >>>
添置玩具柜之前

图 6-30b 服务案例 >>>
添置玩具柜之后

我帮客户小景整理客厅的时候，就遇到了这种情况。她和丈夫居住在不到 60 平方米的房子里，他们把其中一个大房间作为客厅使用，虽然这个房间集中了日常在家里工作、学习、休闲都要用到的物品，但只摆放了一张桌子和几个抽屉，几乎没有容器型家具（见图 6-31a）。于是，我们给这个房间增加了两组开放置物架，把日常杂物分门别类装在里面，让物品都有家可回，整个房间才能真正持续保持整洁（见图 6-31b）。

图 6-31a 服务案例 >>>
客厅增加柜子前

图 6-31b 服务案例 >>>
客厅增加柜子后

对容器来说，物品的存在也是很难撼动的真制约，无论我们愿不愿意，物品出现在这里，就一定需要容器来装。正确的思路就是按照"做什么—用什么—怎么放"的顺序，从生活规划推导出物品规划，从物品规划推导出容器规划。

家具到底应该如何摆

一个这么大的空间，柜子到底应该怎么摆？柜子的摆放不只是空间美学领域的问题，它和收纳也息息相关。

如图 6-32 所示的客厅，在整理之前看起来非常乱，如果没有收纳规划的意识，我们可能只会认为它是没有被收拾好，只要住在里面的人勤劳一点就可以了。但实际上，是缺少空间规划导致了现在的问题。

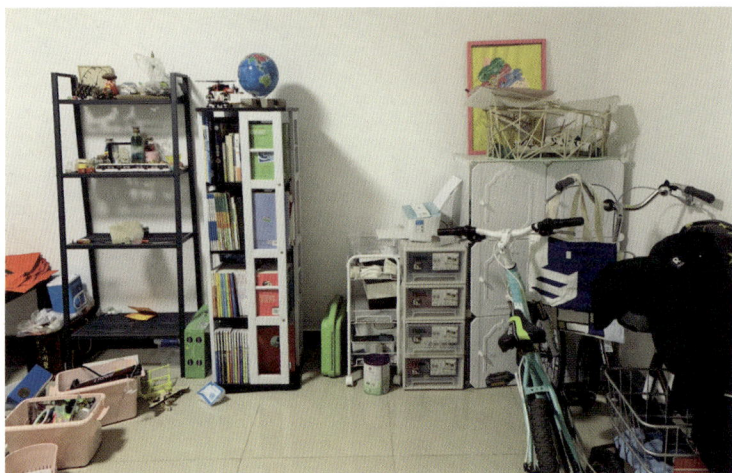

图 6-32 服务案例 >>>
整理前客厅空间缺少收纳规划

这个房间需要满足一个 9 岁男孩日常玩耍和做手工的需求，但当我们尝试去画生活地图、物品地图和容器地图的现状时，却发现完全画不清楚，基本上就是"有什么就用什么，哪里有空摆哪里"的状态。

正确的思路，是先从生活规划入手（见图 6-33）。

在这个基础上推导出物品规划（见图 6-34）。

这样，作为容器的家具规划也自然就出来了（见图 6-35）。

| 展示区 | 阅读区 | 手工区 |

图 6-33 ▶▶▶
满足男孩需求的客厅的生活地图

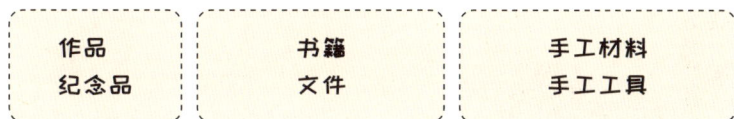

| 作品
纪念品 | 书籍
文件 | 手工材料
手工工具 |

图 6-34 ▶▶▶
满足男孩需求的客厅的物品地图

| 展示架 | | 书架 | | 置物架 |

图 6-35 ▶▶▶
满足男孩需求的客厅的容器地图

根据这些地图完成整理后，整个空间的收纳规划都有了逻辑（见图 6-36）。

我在帮另一个小户型家庭做搬家整理的时候，也遇到了类似的问题。面积为 80 平方米的学区房，虽然是三室一厅的结构，但需要住下一家六口。把 3 间卧室分配给父母、女儿和住家保姆、老人之后，不得不想办法从客厅隔出来一间房，作为家里 8 岁男孩学习和休息的地方。

男孩需要隐私，不可能住在公共开放的空间，从生活地图上就必须

图 6-36 服务案例 >>>
整理后客厅满足不同功能分区的需求

将客厅分开，形成两个功能分区。妈妈决定牺牲客厅，把靠近窗户光线更好的一侧留给男孩。

房子是租的，房东无论如何都不同意在中间做物理隔断，我们正绞尽脑汁地研究各种隔断方法的时候，另一个难题又出现了——原来的衣帽间被我们用作了住家保姆和女儿的卧室，摆上了床铺，而原来放在这里的几组衣柜无处可放，房东也不让处理。

这时候，最有意思的事情发生了：这个新的难题恰恰就是刚才那个难题的答案。我们决定把其中两组衣柜放在客厅中间，作为空间的隔断。这两组衣柜应该如何摆放呢？是朝向客厅公共空间，还是朝向男孩的个人空间？这个问题同样可以从物品地图中找到答案：第一，男孩的个人空间需要收纳衣物的容器，对小男孩来说，一组柜子就足够了；第二，家里人口多，客厅公共储物的空间明显不足。因此，最好的方法，是把这两组衣柜分别朝两个方向摆放，形成 S 型隔断（见图 6–37）。就这样，一分钱没有多花，房东没有意见，空间分割完美，收纳问题被解决，旧衣柜也被充分利用了。

图 6-37 服务案例 >>>
用两组反向衣柜形成空间隔断的客厅

　　家具的摆放方式不仅会影响我们家里的视觉效果和氛围感受，从收纳的角度，还可以帮助我们把生活地图具象化，建立看得见摸得着的边界，完成大场景的物品分类。

拆掉你的那扇门

　　我的学员漫漫前段时间完成了一件壮举，她拆掉了自己当年花 2 万元定制的顶天立地柜。

这个柜子进深 60 厘米，最好用的中间区域被一个大电视占据，只剩下四周一些不是很好用的空间。这个柜子所在的房间是漫漫日常待得最久的地方，除了会在这里阅读、写字、休闲，她还会在这里讲茶艺课程、接待朋友和学员。因此，需要收纳在这里的物品是书籍、毛笔、纸张、茶叶、茶具这些日常随时取用的东西。但很明显，这个柜子从尺寸到结构，都更符合储藏室的配置，并不适合用来收纳常用物品（见图 6-38a）。

图 6-38a 服务案例 〉〉〉
服务案例：结构和尺寸都不合适的旧柜子

但既然柜子已经做好在这里了，漫漫只能劝自己先将就着用。后来学习了整理收纳，她尝试了用各种方法补救，例如换位置、扔东西、换盒子……但始终都没有真正解决问题。

最后，她终于承认了一件事：这个柜子本身就是一个错误。

于是，她立刻约来家装师傅，把这个柜子拆掉了。她说："我不得不承认，它是我实现理想生活的绊脚石，只有承认才会改变。我可不想用几年甚至几十年的时间来委屈自己，迁就物品，放弃我的理想生活，那真是太不划算了。"

柜子破拆的过程，也是漫漫的内心揉碎重组的过程。当新的餐边柜就位时，一切就都被治愈了，漫漫曾经的那些无法实现的生活理想——白天的手冲咖啡、中午的品茶时光和傍晚的惬意红酒，都——实现了（见图 6-38b）。

和她一样做出这种壮举的，还有我的另一位学员婷婷。婷婷一直很喜欢我家的阳台，这里有阳光、绿植和舒适的单人沙发（见图 6-39），平时我会在阳台看书、晒太阳、睡午觉，非常舒适。

但婷婷家里的阳台，却是如图 6-40a 所示这样的。

与其叫它阳台，不如叫它储物间。除了洗衣机、冰箱、两个装了杂物的大柜子，还有一把无处安放的贵妃椅。杂物经过整理都找到了去处，但对于这把贵妃椅，婷婷和家人却始终下不了决心扔掉。有一天，婷婷的父亲提出，想在家里打造出一个可以喝茶看书又被植物环绕的地方，于是大家把目光投向了贵妃椅——阻碍婷婷和父亲过

图 6-38b 服务案例 >>>
新的餐边柜

图 6-39 >>>
我家的阳台

上理想生活的，只有这把椅子了，为什么它必须留在这里呢？这样强烈的意愿，最终动摇了这把椅子的地位，婷婷一家终于决定让它为理想生活让路。

婷婷说，这一切都是值得的。把椅子"请"出门后，她立刻下单了喜欢的花架，到货当天安装完毕，植物上架后，阳台瞬间变得明亮、宽敞且充满生机（见图 6-40b）。曾经那把似乎绝对不能扔的椅子，早已经被全家人忘得一干二净了。

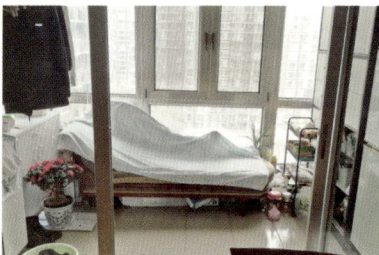

图 6-40a 服务案例 >>>
整理前的阳台像个储物间

图 6-40b 服务案例 >>>
整理后摆上了花架的阳台

除了拆柜子，我们还常常拆门。

蓓蓓家有一个这样的衣柜：深 48 厘米，宽不到 180 厘米，一共有 4 扇门，除了 3 扇等分的木门，还有一扇带镜子的门（见图 6-41a）。蓓蓓每天拿衣服的时候，都不得不把这几扇门推来推去，非常辛苦。除掉推拉门轨道本身的厚度后，衣柜内部深度还不到 40 厘米，不仅推门的时候经常夹到衣服，尺寸合适的抽屉也没有办法使用。这些让人心烦的事情，每天都要在这个房子里发生好几遍。

在我们的建议下，蓓蓓同意把衣柜的 3 扇等分木门拆掉，只保留带镜子的柜门和蓓蓓喜欢的粉红帘子（见图 6-41b）。从此，她只要掀开帘子就可以找衣服，尺寸合适的抽屉也可以用上了。

在整理完成几天后，蓓蓓给我们发来了新的生活体验："以前我根本不想开门找衣服，现在每天对着柜子反复欣赏，用起来又方便，心情美丽极了！"

要像她们一样下这么大的决心，去拆掉柜子和门，并不是一件容易的事情。在我做整理服务的大部分家庭里，旧家具往往都是不可撼动的存在，无论用起来多么别扭，很多人从来都不会，也不敢有"要

图 6-41a 服务案例 >>>
被 4 扇门严重影响使用体验的衣柜

图 6-41b 服务案例 >>>
拆掉门的衣柜

把它换掉"的想法，甚至连挪动一下它的位置，都觉得是一个很大的心理挑战。

《反本能：如何对抗你的习以为常》提到，当人们不知道改变会带来什么的时候，往往不愿意放弃现有的东西，因为改变意味着失去。我们做不习惯、不熟悉的事情时，大脑就会将这种行为归类为高耗能行为，并给我们发出警示来限制这类行为。

根据心理学的研究，对于短期拥有的东西，新的选择能够提供的好处需要达到我们为这个选择付出的成本的 2 倍，才能推动我们采取行动；对于长期拥有的东西，这个比例甚至需要达到 4 倍以上才行。在我遇到的很多家居改造的案例中，就算有优于当下几倍的好处，人们依然不愿意对一个已经在家里摆放很久的家具做出改变，就好像它已经被焊死在我们的墙壁上一样。

即使有更好的选择摆在面前，我们依然倾向于保持现状。虽然现状的确不尽如人意，但只要不改变，就不用面对新的风险可能带来的损失。正是这样的心理机制，让我们在人生的方方面面，失去了原本唾手可得的快乐。

想知道一个改变的决定是不是错误的，最好的办法就是去尝试。**拆掉一扇门的结果会如何，只有试过的人才能知道**。如果你不去做，不去投入，是没有资格得到最真实的答案的。对了，就继续努力；错了，就接受结果。这就是"门的这边"和"门的那边"的信息差，它不是一个没有成本的答案，**只有付出时间、金钱、勇气、决心去行动的人，才会得到**。

忘掉你的那些鸟笼

在心理学中有一个非常著名的"鸟笼效应"，它说的是，如果你买了一个鸟笼，就迟早会养一只鸟。这个鸟笼，就是鸟的容器。鸟笼效应告诉我们，容器的存在会反过来影响我们对物品的选择。

如果我们买了一个柜子，就迟早会用各种东西把它填满——哪怕我们并不需要这些东西。如果我们在某个位置摆放了一个柜子，就会想尽办法利用这个空间——哪怕这个位置并不合适。

我曾经去帮一个重新装修的客户做收纳规划。在已经动工的房子里，所有的旧家具都不存在了，地上全是拆除后的旧木板、墙砖、水泥块……我问她，在这个空间里，你想做些什么呢？她并没有直接回答我的问题，而是在空间里比画着说："原来这里有一个柜子，原来那里有一个架子……"我不禁感叹：房子都被拆成这样了，旧的"鸟笼"还在她的脑子里挥之不去，这是一种怎样顽固的存在啊。

我们为什么这么喜欢在还没有鸟的时候就先买鸟笼？因为我们害怕空白。家里有一个角落空着，就想买个柜子填满，柜子里有一个格子空着，就想放上东西，不放过每一寸空间。

我们不但害怕空间上的空白，也害怕时间上的空白。无法坦然享受休息，不能接受无所事事的时光，总是想尽办法把自己的时间填满。我们还害怕情绪上的空白，不能接受自己停留在低迷、消极的状态中，只要兴奋和快乐的感觉消失，就忍不住想各种办法让自己尽快高兴起来。

归根结底，这是因为我们的生命是有限的，这种有限带来的紧迫感，让我们恐惧生命中有任何一段时间没有被最大化地利用。我们认为**每一个空间和时间上的留白，对有限的生命来说，都是一种损失**。

如果想要逃出损失厌恶对我们的支配，可以尝试下面的做法。

1. 按照"生活－物品－容器"的思路规划

鸟笼不能在鸟之前出现，家具不能在生活需求之前出现。一定要按照"做什么－用什么－怎么放"的顺序，先有具体且明确的生活需求，再有物品的收纳需求，最后添置合适的家具，为其分配恰当的位置。

家里如果有地面是空着的，柜子里如果有格子是空着的，告诉自己这是正常的，去享受这个空白，等真正有需要的时候再填满它也不迟。

2. 努力忘掉你已经有的家具

像重新搬到这个家一样来规划你的理想生活。在一个房子里，除了承重墙和房子的面积，剩下的都是可以改变的，其中就包含了看似无法改变的旧家具。

如果不想拆墙，不想花钱重新买家具，又或者租的房子不允许改造，该怎么办呢？这些都可以在后面的规划中，作为限制条件引入，来逐步倒推出一个适合自己的、相对合理的、可以接受的方案。

但在这之前，我们一定要敢于突破现状的桎梏，尽可能地畅想未来，只有这样，才能为自己争取到最优的可能性。

3. 定义你的留白

英国作家马特·海格（Matt Haig）根据自己的经验给出了关于如何生活的 40 条建议，其中一条就是"无所事事的时候不要有罪恶感。但可以完善你的无所事事，让它是觉知的"。

　　为什么艺术家能够将一块空着的位置称为"留白"，而我们总觉得随意空着地方是"浪费空间"？差别就在于，前者是被觉知、被定义的。只要它是有定义的、有目的的，是你在梳理清楚自己的需求之后，觉得它是应该空着的，就完全可以心安理得地让它空着。

　　不只是家里的空间，我们在时间、情绪等方面都可以有意识地去定义一些留白：我现在就是停下来了，我现在就是在休息，我现在就是处在低落的情绪中。这和漫无目的地浪费时间，毫无意识地放纵自己的情绪有着本质的差别。

　　正如罗素在《幸福之路》中所说："无聊并不尽然是不好的。无聊有两种，一种是建设性的，一种则空空如也。"在有觉知的前提下，把"空白"当作生活的一个正常状态，其实也是非常有建设性的。

　　生活幸福的基础就是要拥有一定的**忍受无聊的能力**，而一个美好的家，也一定要**有足够的留白空间**。

用收纳工具匹配生活的细节

　　我曾经在北京文艺广播的一个栏目担任嘉宾，在栏目中我经常分享整理收纳的知识。栏目的男主持人非常爱整洁，全家人的衣服都是他在整理，他也非常热衷于收拾办公桌。有一次我们聊到如何整理办公桌抽屉，他分享了自己的做法：把没用的东西扔掉，然后重新分类并摆放整齐。我问他："摆回去的时候，有用到什么工具吗？"他表示很惊讶："还需要工具吗？"

　　其实，我以前也没有考虑过这件事，收拾一下，把东西整整齐齐地放回抽屉就算整理完了。结果就是每天找东西、拿东西、放东西，时间一长，我就忘了原来的分类，而且随着抽屉反复地被拉开、关上，原本摆放整齐的东西又重新混到了一起，抽屉变得乱七八糟。

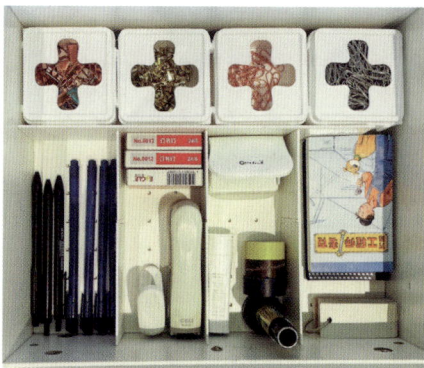

图 6-42 服务案例 >>>
用抽屉分隔盒收纳

现在我改变了做法，在整理抽屉的时候，会用到一种叫作"抽屉分隔盒"的东西（见图 6-42）。它的形状是四四方方的，有各种尺寸。把杂物分类之后，分别放到这些盒子里，再放回抽屉。这样一来，原本大脑里看不见的分类逻辑，变成了看得见摸得

着的分隔盒，物品和物品的边界具象化，分类也被固定下来了，不会在日常使用的震荡中被轻易模糊，我们整理的成果才得以长久保持下去。

收纳工具是最近几年才被大众广泛接受的，如果跟我们的父母那一代人说"东西要先装到盒子里，再放到家具里"，他们八成会觉得你多此一举。但现在我们已经懂得，要做好收纳，收纳工具是必不可少的一环。它作为更细级别的容器，除了固定分类的结果，还有一个更重要的作用——拆解空间。

家具这个级别的容器只能实现大场景上的物品分类，例如衣服都放在衣柜里，厨具和餐具都放在厨房的橱柜里。当具体到什么样的衣服需要挂起来，什么样的衣服需要叠起来，这个人的橱柜里锅比较多，另一

个人的橱柜里碗比较多时，我们的需求就会变得非常细致，不仅因人而异，而且不断变化。

如果我们试图通过家具匹配这些需求，不仅成本非常高，而且几乎很难实现。我们在购置家具的时候根本无法准确判断自己的需求，就算判断出来了，也无法很好地适应将来在生活细节上必然会有的变化。

我们在帮客户做收纳规划的时候，最怕的就是那种内部结构做得特别复杂，还不给任何调整余地的柜子（见图 6-43）。这意味着一切结构都事无巨细地被设定

图 6-43 >>>
内部结构复杂且不能调整的柜子

好了，我们必须用自己的生活去适配这个结构，就像用自己的身材去适配一件尺码已经固定的衣服一样，只能不停地问自己："这里到底能放点什么？"

如果要问我们整理师最喜欢什么样的衣柜，那就是如图 6-44 所示的这种。

这是在我们帮客户搬家整理时看到的新房里的柜子。在看到它的时候，我和助理都非常惊喜。衣柜的尺寸和内部结构都一样，而且足够简单。我们完全可以根据主人的具体物品来进行"量体裁衣"。

按照物品的数量，衣柜空间从大到小依次是妈妈的、爸爸的和孩子

图 6-44 服务案例 >>>
结构简单的衣柜

的。妈妈的衣柜有一组长衣区，两组短衣区，一组灵活的悬挂和叠放空间（见图 6-45a）。

爸爸的衣柜是一组长衣区，两组短衣区（见图 6-45b）。

孩子的衣服尺码更小，因此在同一个柜子里设置了两组挂衣区和叠放区（见图 6-45c）。

因为床上用品需要折叠收纳，所以我们给柜子全部安装了层板，把床上用品收纳在布艺收纳盒里（见图 6-45d）。

妈妈的袜子非常多，帽子、包等配饰也需要收纳在这组柜子里。包直接陈列在层板上，帽子挂起来，袜子则折叠放入小收纳盒中（见图 6-45e）。

就这样，我们通过配置不同的收纳工具，把这组原本一模一样的柜子，变成了刚好满足这家人的生活需求的样子。即使将来随着孩子的长大，衣物尺码变大，或者女主人的包变多了，袜子减少了，也只需很低的成本就可以对这个衣柜再进行改造，不需要对柜体本身大动干戈。

图 6-45a 服务案例 >>>
妈妈的衣柜

图 6-45b 服务案例 >>>
爸爸的衣柜

图 6-45c 服务案例
孩子的衣柜

图 6-45d 服务案例
床品收纳

图 6-45e 服务案例
袜子和配饰收纳

在做装修前的收纳规划时，我通常会建议客户尽可能使用内部结构简单的柜体，后面再根据具体的物品，用收纳工具做空间拆解。在我的第一本书《爱上收纳》中，就讲到了用收纳工具拆解家具空间的几个思路。

1. 深的空间，把它拉出

当柜子比较深时，不要把东西一股脑儿地塞在里面，要用抽屉、收纳盒、拉篮等工具，把深处的空间向外拉出来使用（见图 6-46）。

图 6-46 >>>

深的空间，把它拉出

2. 高的空间，给它做分层

当柜子比较高时，不要把东西层层叠叠地堆在一起，用挂杆、层板、置物架等工具，把它拆分出低一些的空间来使用（见图 6-47）。

3. 宽的空间，把它隔开

对于比较宽的位置，不要把东西从左到右直接码放，而是用收纳盒、分隔盒，分门别类地把东西隔开来使用（见图 6-48）。

那组柜子的空间拆解方式，其实就是分层、拉出、隔开这些动作的不同组合。

图 6-47 >>>
高的空间，给它做分层

图 6-48 >>>
宽的空间，把它隔开

　　需要注意的是，并没有绝对意义上的深、高和宽，一个空间的特性一定是相对于我们要放的具体物品而言的。对于一个又深、又高、又宽的柜子，如果要放各种各样琐碎的纸笔文具，就需要同时从深度、高度、宽度上拆解，但如果你要放一辆自行车，那直接放进去就可以了。

　　正因为如此，我们才需要按照"做什么—用什么—放什么"的顺序来思考。只有先完成对物品的整理，知道要放些什么东西之后，才能开始规划收纳的容器。

真正的"神器"都很朴素

在收纳工具成为家居消费品后，也常常被诟病，很多人认为买盒子就是过度收纳，就是不环保。对于这个问题，我们可以借鉴一下薛兆丰教授的观点：我们要看到的，不仅是用了多少盒子，还要看到，因不用这些盒子，找不到物品导致的重复购买，乱塞乱放带来的负面情绪，管理不善造成的食物过期被浪费……

环保应该站在更宏观的角度来算总账，除了考虑看得见的浪费，还要考虑那些看不见的浪费。在任何一个领域，想要真正解决问题，道、法、术、器缺一不可。我们在知道该怎么整理后，还需要借助必要的工具来让它真正落地。

我们不能没有鸟就买个鸟笼子，创造伪需求，也不能有了鸟却不买鸟笼子，让鸟在家里乱飞。如果一些收纳工具买回来却不好用，让我们感到多余，那可能是我们买错了笼子，而不是这个笼子本身有问题。

在选择收纳工具的时候，常常会有下面这些误区。

1. 不知道要放什么就开始选工具

无论是买家具还是买收纳盒，都一定要遵循"做什么—用什么—怎么放"的顺序，先规划生活，再规划物品，最后规划容器，让工具为需求服务。

2. 不知道使用频率就开始选工具

不同的收纳工具，使用起来的复杂程度是不同的。像储藏室、柜子深处和高处之类的空间，收纳的都是一些不常用的物品，可以使用带盖子的盒子，摞起来放也没有问题（见图 6-49）。但对于日常频繁使用的空间和物品，则需要选择开放的、使用起来更简单的收纳工具，才能便于保持整洁（见图 6-50）。

图 6-49 ▶▶▶
低频使用空间的收纳盒

图 6-50 ▶▶▶
高频使用空间的收纳盒

3. 未测量尺寸就开始选工具

有时我们逛街看到一个盒子很喜欢，就立刻把它买回家了，结果发现它和家里的各个柜子的尺寸都不适配，不知道用在哪里，最后只能扔在一边。要避免这个问题其实很简单，那就是在购买之前先测量空间的尺寸。我们在做上门整理服务之前的咨询工作阶段，有一个很重要的环节就是测量空间和家具的尺寸（见图 6-51）。

4. 追求完美的尺寸匹配

虽然不量尺寸就买盒子容易出问题，但过分追求尺寸严丝合缝又进入了另一个误区。正好能选到尺寸合适的盒子当然非常令人愉快，但大多数时候，要找到完美匹配的盒子很困难，需要耗费大量的时间。盒子如果严丝合缝地卡在柜子里，拿取也会非常费力，因此在柜子里有 3 ~ 8 厘米的留白，是非常合适的，不必把每一个缝隙都塞满（见图 6-52）。

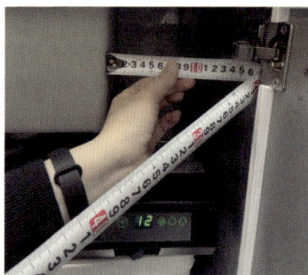

图 6-51 ▶▶▶
整理师测量空间尺寸

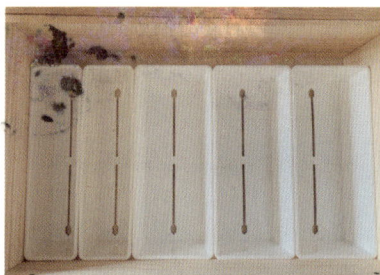

图 6-52 ▶▶▶
不必追求尺寸严丝合缝的收纳

5. 不做规划，零散购买

今天看直播买几个，明天逛街又买几个，结果家里拼凑着各种不同款式和颜色的盒子，东西已经很乱了，盒子还要跑来添乱。一个视觉上低熵的收纳系统，一定是色彩噪声和外观噪声都非常低的系统，使用同款的收纳工具，可以在很大程度上降低噪声。我们为客户规划收纳产品时，都会尽量使用同款工具（见图 6-53），不仅在视觉上让家里看起来更加整洁，还可以在多个场景下复用。这里用不上，别处也能用，而且将来物品调整的时候，还能继续使用。

有一种专门装香蕉的盒子，它的宽度和弯曲度是固定的，只有长得跟这个盒子一样的香蕉才能放得进去，这可以说是完全本末倒置了。在选择收纳工具的时候，很多人也喜欢一些"神器"，例如专门用来装药的盒子，专门用来放电池的格子，专门用来放头绳的架子……这些"神器"要求物品和工具完美契合，而且往往设计复杂，容易损坏。

而大多数人家里 80% 的收纳问题，通过一些尺寸合适的、长方形的盒子，就都能解决（见图 6-54）。

图 6-53 >>>
一个空间用同款的收纳工具看起来更整洁

图 6-54 >>>
长方形收纳盒可以解决大部分问题

让我们一眼惊艳的东西，往往会带来更多的"惊"，而不是"艳"。19 世纪时，塞缪尔·费伊（Samuel Fay）就发明了看起来毫不起眼的回形针，现在它依然在全世界的办公室里被广泛使用。真正好用的"器"，往往看起来都是**非常朴素**的。

什么是最高效的叠衣方法

把衣服一件件地叠好，摞起来，放到衣柜的格子里——在爸爸妈妈、爷爷奶奶的衣柜里，我们看到的都是这样的收纳方式。

每次拿下面的衣服时，都要翻动上面的，翻几次后，原本整整齐齐的衣服就会变得东倒西歪，乱七八糟。优衣库卖场的员工每天整理衣服的工作之所以被看作是毫无价值的伪工作，正是因为采用了这种收纳方式。

从卖场的角度来说，这个工作并不是看上去的那样毫无意义。平铺收纳的同款衣物可以带给顾客良好的视觉感受，能够提高顾客的试穿和购买意愿。看似做了无用功的叠了乱、乱了叠，对希望提高门店营业额的人来说是如假包换的真工作。但同样的事情放到我们家里，它就真的是完全没有必要的伪工作了：既没有人为我们的劳动付钱，也没有人非要享受那种过分整齐的陈列。

家居物品的陈列方式，一定要尽可能满足能够快速拿取和放回这个前提。在定位到一个具体的收纳空间之前，拿取和放回的速度是由整个空间的动线规划的，也就是前面我们画过的那些地图决定的。在定位到一个具体的收纳空间之后，拿取和放回的速度则是由陈列方式决定的。

怎么样才算是能够快速拿取和放回物品呢？可以参考以下两个判定标准。

1. 找一件东西的时候，是不是只需用眼睛，不用动手翻找就可以找到？

2. 拿取和放回一件物品的时候，是不是可以直接操作，不需要移动其他物品？

能够达到这两个判定标准的陈列方式，就是"竖立摆放"。

和衣服卖场形成鲜明对比的是书店。书店里虽然人来人往，每个人都会去书架上拿书、放书，但书架看起来一直都会处在相对比较整洁的状态。这是因为书籍大部分都采用的是竖立摆放的方式。

我们把衣服叠成像书本一样一个个小方块之后，竖着放进抽屉或者收纳盒里，就可以做到想找的时候不用动手直接就能看见，拿取和放回的时候也不用再翻动其他衣服了（见图 6-55）。整理一次，就能长期维持整齐的状态。

不过，竖立摆放只能算是解决了不容易翻乱的问题。叠衣服的过程本身需要七八个步骤，这对繁忙的上班族来说，还是太费事了。因此，最高效率的整理方法就是不叠，把它们都挂起来（见图 6-56）。

图 6-55 服务案例 >>>
竖立摆放衣服

图 6-56 >>>
悬挂的衣服

从本质上来说，悬挂收纳也是一种竖立摆放。它实现了和竖立摆放一样的目标——**让物品一目了然，相互独立**。

竖立摆放的陈列方式，除了可以用在衣物上，还可以用在家里大部分的物品上。例如，碗盘可以竖起来放在沥水架上（见图 6-57），包袋可以像衣服一样叠起来竖着放到收纳盒里（见图 6-58），各种零碎杂物也可以竖起来放到抽屉或者收纳盒里（见图 6-59）……

只要养成"把东西竖起来摆放"的意识，你就会发现，之前大部分的一翻就乱的问题都会从你家消失。

但这也不是绝对的。例如，我们通常会用类似集装箱收纳的形式将换季的衣物装入百纳箱中。放入百纳箱的换季衣物，只要尽可能地铺平，一层层地堆叠在里面就可以了（见图 6-60）。

图 6-57 服务案例 >>>
竖立摆放的碗盘

图 6-58 >>>
竖立摆放的包袋

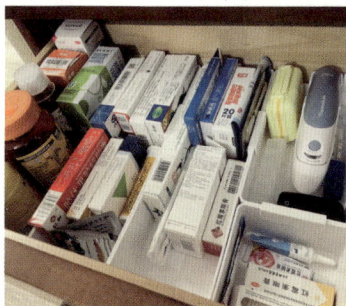

图 6-59 服务案例 >>>
竖立摆放的药品

图 6-60 服务案例 >>>
衣物平铺在百纳箱中

　　我们家里的纸巾、口罩、牛奶和矿泉水等消耗品，如果必须竖起来放，不能堆叠，有时也会造成空间上的浪费。这些物品每一件都一模一样，相信你并不会有"今天必须拿第二排第三卷卫生纸"的需求，只要按顺序取用就可以了。对于这一类物品，完全可以直接码放，把所有空间都利用上才是最重要的（见图 6–61）。

人和人不一样，家和家不尽相同，物和物各有差异，哪有什么对所有人都是最好的、最高效的收纳方法呢？横着叠也好，竖着放也好，挂起来也好，随手扔也好……**一切都为独一无二的"我"服务，才是最高级的收纳方式。**

图 6-61 服务案例 >>>
直接码放的卫生纸

露出来多少才算美

你喜欢透明的盒子还是白色的盒子呢？

有很多人觉得，一定要用看不见里面装了什么的盒子，把东西都藏起来，才会显得更整洁。但这样做经常会导致我们忘记自己有什么物品，总是找不到或者重复购买。因此，并不是把物品藏起来就可以更整洁的。

收纳工具除了固定分类和拆解空间，还肩负着一个重要的使命，就是提供"这里放了什么"的信息。这样的信息有 3 种不同的呈现方式。

1. 逻辑：收纳在里面的东西是完全看不见的，需要用逻辑判断出里面应该放了些什么（见图 6-62）。

2. 文字：虽然看不见里面放了些什么，但贴了标签，用文字描述了它的分类（见图 6-63）。

3. 视觉：直接用眼睛能看见里面放了些什么（见图 6-64）。

如果我们只以视觉感受为标准，那一定是视觉信息比文字标签更容易显乱，文字标签比什么标记都没有更显乱。我们家里的一切，都应该被藏在什么都看不见的柜子里才最整洁。

图 6-62 服务案例 >>>
靠逻辑判断的收纳

图 6-63 服务案例 >>>
靠文字判断的收纳

图 6-64 服务案例 >>>
靠视觉判断的收纳

但如果我们不以表面的视觉感受，而是以"低熵"作为好的收纳系统的标准，情况就完全不同了。低熵的收纳系统是一个高信息、低噪声的系统。这里的信息指的是那些你知道的、确定的、能控制的、想看到的东西，噪声指的是那些你不知道的、不确定的、不能控制的、不想看到的东西。跟它们是被摆出来还是收起来，并没有必然的关系。

如果我们无法用逻辑判断出藏起来的那些东西是什么，那么它们就等于一堆噪声。相反，如果露出来的、看得见的东西都是我们喜欢的、符合我们预期的，那它们就是一种信息，会给我们带来非常愉快的感受。

你也许听说过，"露出来"和"藏起来"最好按照 2∶8 的比例来规划，但事实上在我整理过的家里，这个比例从 1∶9 到 9∶1 都有，它们各有各的美法，并没有绝对的标准。它完全是因人而异、因地制宜的，要根据不同的空间、物品和喜好来做出选择。

提高收纳系统的"信噪比"是一个辩证的、有趣的，并且只有你自己不断探索和尝试才能找到答案的问题。

1. 每天都要用好几次的东西一定要露出来

像洗手液、充电器和擦手巾这些每天都会频繁用到的物品，最好可以直接拿取（见图 6-65）。失去了便捷性的美就像没有地基的房子，是非常脆弱的。如果觉得这些日常用品摆出来不好看，可以替换成更美的容器，或者买本身颜值就比较高的物品。

2. 书籍是最好的装饰品

无论是从鼓励阅读还是美观的角度，书都是我们家里最适合开放收纳的物品，怎么放都不会丑，可以说是打造家庭文化氛围的首选。像这样一半开放，另一半封闭的柜子，我们都会优先把书籍陈列在开放的空

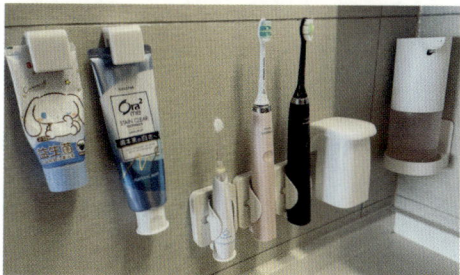

图 6-65 >>>
特别常用的物品要露出来

间里，如果要收纳杂物，也会用不透明的收纳盒分类装起来。而其他不常用的、不好看的东西，则放到下面带门的柜子里（见图 6-66）。

3. 装饰品要少而精

出去旅行买的纪念品、各种相框和照片、喜欢的家居摆件……我们如果把这些物品都随手放在看得见的地方，是很难呈现出美感的。精品店都是在一个足够留白的空间里陈列数量极少的物品，这样才能衬托出物品本身的品质。

把许多东西胡乱摆在一起的那种杂货铺式的家，也并不是真的堆满杂货，如果你仔细观察，就会发现里面的每一件物品单独拿出来，都是非常好看且有品质的。如果随手把塑料袋、包装盒这些东西堆在家里，只会让人觉得又乱又丑，是不会有所谓的杂货铺式的美感的。

图 6-66 服务案例 >>>
半开放的柜子优先把书露出来

因此，在你对自己的陈列没有绝对的信心之前，尽可能精简一点，例如书柜的每一个格子只摆放一两件装饰品，是非常安全的选择（见图 6-67）。

图 6-67 ⟫⟫⟫
我家书柜的少量装饰

4. 服务标准不是生活标准

对那些直接露出来的物品，我们可以按照对齐、高矮、色彩、等距这些基本原则进行陈列，这样可以展现基本的秩序之美。我们在帮客户整理的时候，会把衣服按照长短、颜色排列，衣架也等距离悬挂；把书籍按照高矮排列，并且前端对齐成一条直线（见图 6-68）。

图 6-68 ▶▶▶
书籍摆成一条直线是服务标准

但每次我也会跟客户说，这只是我们的服务标准，并不是生活的标准。在日常生活中，不用非得什么都对齐成一条直线。

在我们自己的家里，比一个整齐的书柜更重要的一定是热爱阅读的自己，比美观更重要的一定是对自己拥有的一切资源物尽其用。尤其是孩子的物品，我非常不建议陈列得过于整齐，如果让孩子觉得"宁可不看书，不玩玩具，也不想让妈妈批评我把家里弄乱了"，那才真是本末倒置了。

我们每个人的内心都有对整洁和美的追求，但这种追求无论何时都不能反过来成为我们生活的压力。

自上而下，规划未来

如何重构新的模型

无印良品对收纳的定义是"将生活中真正的必需品打造成真正必需的形态"。这种必需的形态，就是我们所说的可以长期维持在低熵状态的收纳系统。这个收纳系统包含了我们在其中的活动、要使用到的物品以及用来管理这些物品的容器。

当我们准备出发去一个地方时，会打开导航系统，输入起点，再输入要去的目的地，导航系统就会规划出一条合适的路径。而导航系统要运行起来，最重要的是有准确、全面的地图，来协助完成定位和寻址。

我们在家里使用一件物品时，拿取和放回的过程，也是在定位和寻址，这个"物品的导航系统"要能够正常运行，也需要生活地图、物品地图和容器地图的协助。

我们家里的收纳地图，无论是生活地图、物品地图还是容器地图，都是先从全屋的视角进行规划，然后具体到每个房间、每个柜子。当我们把这一系列的地图落实到每个柜子的每个盒子里都放些什么时，我们就拿到了"整理四步法"所有的过程分，既完成了对家的重构，也完成了对生活形态的重构。

重构意味着我们要建立一个全新的模型，它可以是既有模型，也可以是自定义的模型。

在家居收纳的领域，既有模型就是那些已经精装修的样板间，或者已经设计成型的成品家具，我们可以直接拿来使用。这样做既方便省事，也可以规避一些风险，但最大的缺点是，当我们的需求和既有模型不匹配的时候，就会在使用过程中出现各种各样的问题。

找到一个和我们的需求完全匹配的模型非常难，如果采用既有模型，最好选择那些结构简单、方便调整的。例如，衣柜内部最好只做简单的分区，书柜和鞋柜的层板最好可以调节（见图 6-69）。

图 6-69 服务案例 >>>
层板可调节的成品柜

自定义模型是从 0 开始做装修设计，完全按照自己的需求来定制和空间完美适配的家具（见图 6-70）。这样做能够让我们的收纳和生活得到最大化的匹配，但需要我们付出更多的成本和精力。

如果采用自定义模型，就要敢于突破固有思维，忘记你家的非承重墙，摒弃"别人都这么做"的既定思维，尽可能地寻找可能性，不断发掘那个最适合你的答案。

在我们用整理的思维解决其他问题的时候，经过信息收集、分类和筛选过程后，也要用合适的模型输出最终解决方案。一个结构化、有条理的解决方案，可以有不同的逻辑模型。

图 6-70 服务案例 >>>
和空间完美适配的定制家具

1. 时间模型

如图 6-71 所示，时间模型是按照做一件事的流程和步骤来形成解决方案的。

第一步 第三步
第二步

图 6-71 >>>
时间模型

例如，按照每天去哪里、做什么来安排旅行计划，按照每天几点到几点做什么来安排时间表，一个产品从原材料到成品的制作过程，客服引导顾客完成消费的沟通过程……时间模型的每一个要素都有执行的前后顺序，但它也可以是多线程的，不一定是从头到尾一根直线的形式。

2. 空间模型

如图 6-72 所示，空间模型对不同内容领域进行分类，按照从上到下的结构来形成解决方案。例如，按照吃、住、玩不同方面来安排旅行计划，按照工作、学习、休闲做个人总结，企业各个部门的组织结构，医院的不同科室……金字塔结构就是空间模型。

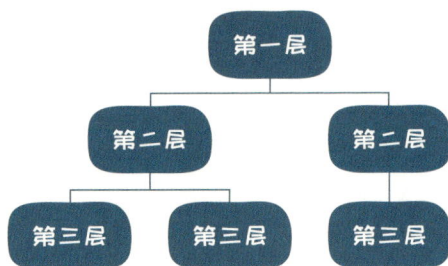

图 6-72 >>>
空间模型

3. 认知圈模型

如图 6-73 所示，认知圈模型从"是什么"（What）、"为什么"（Why）、"怎么做"（How）这 3 个角度来形成解决方案，这是我们认识和理解一个事物最基本的思维过程。先阐述定义，再分析其背后的原理，最后给出解决方案。在写文章和论文的时候，我们经常会用到这种模型。

4. 重要程度模型

如图 6-74 所示，重要程度模型按照事情不同的优先级来形成解决方案。例如，一场比赛的排名、不同产品的质量等级、选印象最深刻的 3 件事来写一篇游记……

如果你现在翻开本书的目录，就会发现这本书就用到了以上这些模型。

整理四步法使用了时间模型，金字塔结构的物品分类图和收纳地图使用了空间模型，"做什么—用什么—怎么放"使用了重要程度模型。本书先讲整理就是熵减（"是什么"），再讲为什么要整理（"为什么"），再讲如何做整理（"怎么做"），使用了认知圈模型。

我们在收纳实体物品的时候，构建模型的方式是把它们放在不同的柜子和盒子中。在收纳电子化信息的时候，则可以有不一样的选择。

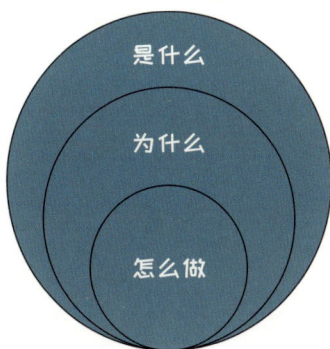

图 6-73 ▶▶▶
认知圈模型

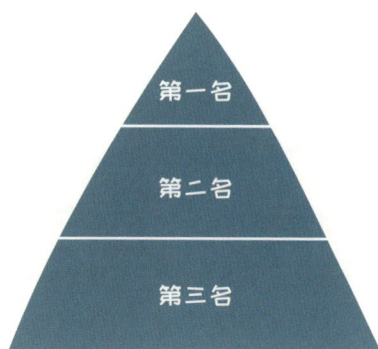

图 6-74 ▶▶▶
重要程度模型

1. "分类 – 获取"逻辑

把文件放入不同的存储设备、文件夹、文件中，采用规则的、自上而下的层级命名方式，在需要的时候，根据这个层级的路径获取。

2. "标签 – 搜索"逻辑

存储的位置不需要太精细、准确，可以给每个信息贴上一个或多个标签，使用的时候直接根据标签搜索。搜索，是电子化信息管理和实体物品管理的最大差别。我相信在物联网和人工智能快速发展的今天，实体物品很快也可以实现"标签—搜索"式的管理。到时候，我们家里的收纳系统可能会有一个革命性的升级。

对于复杂的问题，可能要综合运用各种不同的逻辑模型，我们也可以创造属于自己的模型。一个好的故事、一部精彩的电影，往往会采用我们意想不到的结构，或者在传统结构上刻意进行突破。

创造新的模型是专业人士的工作，在大多数情况下，我们能够把一些既有的成熟结构用在自己的实践中，就已经可以把问题解决得很好了。

整理的本质就是分类

如果我们从更宽泛的意义上来定义"分类"，它就是一个把诸多不同的元素放到各个集合里的过程。从这个角度来看，整理的整个过程其实都是在分类（见图 6-75）。

第一步"集中"是比较粗犷的区分，把这次要整理的相关部分都放在一起，和不相关的那些分开。

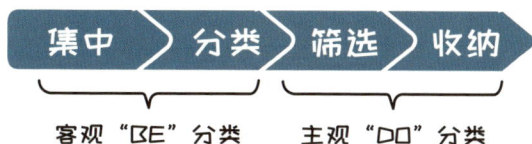

图 6-75 >>>
整理四步法与主客观分类

第二步"分类"是比较细致的区分，在集中的大类别基础上，完成自下而上的归纳，形成清晰、细致的结构。

第三步"筛选"是以取舍为目标的区分，把需要的和不需要的分开。区分"要"和"不要"，本质上也是在做分类。

第四步"收纳"是以使用为目标的区分，把东西放到不同的柜子和格子里，再放到新的结构模型中。这个动作本质上依然是在分类。

分类可以有客观的"BE"分类和主观的"DO"分类两个不同角度。如果你希望在整个整理过程中保持大脑清晰，我的建议是"解构的过程做客观分类，重构的过程做主观分类"。也就是说，集中和分类两个步骤，要尽可能按照"BE"分类的标准来进行，筛选和收纳两个步骤，要尽可能按照"DO"分类来做二次调整。

解构是让我们搞清楚自己有什么物品的过程。这个时候我们需要客观，让自己看清楚现状事实，如果在这个时候加入过多的主观因素，就容易让思维变得混乱不清，陷入矛盾和冲突，消耗过多的脑力。我们在为客户做上门服务时，集中和分类这两个步骤的大部分工作都是由整理团队来完成的，这样可以最大程度地保护客户的能量。

重构是让我们打造想要的结果的过程。这个时候我们需要加入主观因素，更多地从"我是否需要"这个角度决定一件物品的去留，从"我会如何使用"这个角度决定把它们收纳在哪里。我们在为客户做上门整理的过程中，筛选这个步骤的工作要求客户必须全程参与，收纳也会在前期咨询过程中和客户详细沟通，一起对方案细节进行确认。

筛选和收纳时发生的分类有多少，因人而异，取决于外部环境的限制和内在个性需求。

1. 外部环境的限制

外部环境指的是空间和时间这些客观条件。

例如，有的人家里空间足够大（见图 6-76），衣服可以都放在衣帽间，书可以都放在书房，食物可以都放在厨房；有的人时间足够多，出门前可以慢悠悠地在家里准备 2 小时；有的人家里有住家保姆帮忙收拾，每次出门前，需要的物品都有人帮忙从家里各处拿过来。那他们可能就

图 6-76 服务案例 >>>
大客厅的空间限制小

不需要对物品做过多筛选了，收纳的时候直接按照物品各自的分类放到对应的空间去就可以了。

那些家庭关系简单、物品使用的规则也比较简单的人，在筛选和收纳的时候对分类做出的调整也会比较少。但如果你的房子小、时间紧、家里人口多，客厅要兼作书房、亲子活动室、餐厅，要尽量节约找东西的时间，还要考虑不同人的不同需求，那你就必须做很多个性化的调整才行。

例如，把本来是同一大类的食物，分成常吃的和不常吃的，把不常吃的放到储物间，从而节省厨房的空间；把消毒喷雾、口罩、快递小刀、湿纸巾从原本各自的分类中拿一件出来，专门做一个"DO"分类放在玄关，从而节省每天出门的时间（见图 6-77）。这些都是因外部环境限制而不得不做出的调整。

图 6-77 服务案例 >>>
小空间要做个性化收纳

2. 内在个性需求

内在个性需求指的是我们对物品的特殊使用方式，或者和我们有情感连接的物品，以及特有的生活需求和习惯等。

有一次我帮一位妈妈整理孩子的玩具，按照动物模型、玩偶和积木等"BE"分类整理清楚后，这位妈妈突然对我说，她平时和孩子玩玩具，都是拿积木搭个房子，再拿两个玩偶和两个动物模型，这样搭建一个故事性的场景来玩耍。这就是很典型的个性化需求，因此，这位妈妈只能亲自来完成分类，别人是无法代劳的。如果每次玩玩具时用的都是不同的玩具组合，那玩具分类几乎会一直处在快速调整过程中，想要保持整洁，会非常耗费心力。

如果我们的生活就是复杂、丰富且多样的，那想要拥有一个好的收纳系统势必要付出比别人更多的努力。这个世界上的确有一部分人，不需要任何"DO"分类，就可以直接把钥匙交出去，由别人完成整理的过程，也可以把整个家交出去，由别人管理日常生活。他们通常就是那些有足够的空间资源，可以花钱购买他人的时间资源，对生活本身不是很关心，对物品也没有什么个性化使用需求的人。

如果我们自己整理，觉得过程太辛苦，应该怎么偷懒呢？我们可以在进行集中、分类的步骤时，请朋友、家人或者服务人员来帮忙，然后把自己的主要精力放在决定物品的去留，以及留下来的物品会如何使用这些只有你自己才有答案，并且对结果有重要意义的事情上。

整理的本质就是分类，先按照"它是什么"来分类，再按照"我希望它是什么样"来分类，把我们不熟悉、不喜欢、不想要的高熵状态，变成我们熟悉、喜欢、想要的低熵状态。在《幸福之路》中，罗素把这样的工作称为"建设性工作"，它表现为，初始状态相对随意，结束状态则具有目的性。在罗素看来，建设性工作会成为我们幸福的源泉。

在我们把物品全部掏出来，分清楚都有什么之后，在接下来的筛选和收纳步骤中，所有行动都要有很强的目的性。**我们选择留下什么物品，就是在选择自己将来的生活方式**。从这样的角度去做，整理就一定是建设性工作，并且最终会带给我们满足感和幸福感。

先有边界，再谈爱与温暖

有位读者跟我说："你的生活是一格一格的。"我觉得这个描述很形象。所谓的整理，不就是把原来模糊不清、混作一团的东西，分到一个个不同的格子里吗？

一杯冷水和一杯热水各自的熵都是很低的，当我们把它们混合在一起，冷水和热水的分子发生混排，水的熵才会开始增大。想要改变这件事情，最简单的方法就是不要把它们混合在一起，而是让它们各自待在自己的杯子里。边界能有效抑制熵增。

整理就是我们在生活中画上一个个格子的过程。这个格子就是边界，是人与人之间、物与物之间、空间与空间之间的那条看得见或者看不见的线。也许你会觉得，这样一格一格的生活让人感到硬邦邦、冷冰冰的。但事实上，我们人生中的大部分难题，恰恰都是缺少边界而造成的。

《伤脑筋的话，就改变分类方式吧！》的作者在书中分享说，他有 4 个孩子，孩子们平时都在一个大房间里学习。他曾经觉得让孩子们共享整个空间，同心协力做好整理是最好的，但他发现孩子们总是互相推卸责任："这个是姐姐乱放的""这个是妹妹没有收好"。于是，他用网架做了个屏风，把每个孩子的书桌隔开，这样孩子们各自拥有了自己的专属空间。他惊喜地发现，房间开始变得井然有序了。边界清晰了，责任也清晰了，孩子们之间的争吵少了，他对孩子的批评也少了，家庭氛围变得更加和谐了。

整个家都是公共空间，父母可以随时进入孩子的房间；各种东西混杂在一起，打开的每个抽屉都是盲盒；彼此的生活习惯高度一致，看待物品的价值观也是相同的……我们曾经认为，这种不分你我的空间、物品和人的关系，才是亲密和爱的表现。但心理治疗师莎伦·马丁（Sharon Martin）说，边界薄弱的家庭带给我们的负面教育是：设定边界是自私、苛刻的，你没有个人权利，你应该牺牲自己的需求和兴趣来让别人快乐。

真正的爱并非如此，它一定是建立在对另一个个体足够尊重之上的。

我为很多家庭做过搬家整理，发现在对家居环境的整洁度要求比较高的家庭里，孩子的学习成绩往往都很好。你可能会想到，这是因为书桌整洁，孩子做功课不容易分心，所以学习效率比较高。这的确是其中一个原因，但并不是最主要的原因。

最主要的原因在于，一个整洁的家，无论是在硬件还是在软件上，都是有边界的（见图 6-78）。

在这里，父母和孩子都把彼此看作独立的个体，相互尊重。每个人有一条属于自己的线，有属于自己的空间，自己承担管理自己物品的责任，以及有对自己的事情做决定的权利。学习成绩好的孩子的最大优势，其实是学习的自主性，他不仅会把房间、书桌和书包的整洁当成自己的事，也会把学习当成自己的事。一个孩子一旦对人生有了这样的态度，就算学习成绩没有那么好，也一定会健康成长。

　　心理学家的研究表明，一个有边界的环境，可以给孩子的成长提供足够多的确定性和安全感，对于孩子的情感认知、人际关系和心理发展都有正面影响。拥有良好的自我控制能力的孩子，往往是在井然有序的家庭中长大的。在他们的成长过程中，大部分行为的结果是可预见的、前后一致的。无论是家居空间还是亲密关

图 6-78 服务案例 >>>
有边界的环境是一格一格的

系，都是孩子成长的外界环境，这个环境的可控性，对孩子的心理健康有着非常重要的影响。

　　边界应该是双向的，我们既要维护自己的边界，也要尊重他人的边界。父母希望孩子不要把玩具扔到自己的卧室，那父母也不能把自己房间放不下的衣服塞到孩子的衣柜里。

　　边界应该是弹性的，在不同情况下可以有不同的规则。已经可以独立入睡的孩子，在周末和假期也可以来爸爸妈妈的大床上一起睡、撒娇。

　　边界应该是随着生活变化的，曾经的陌生人，如今成了亲密的朋友，

可以同盖一床被子，躺在一张床上聊天。

在生活领域，例外是合理的，也是应当被允许的，但如果没有规则，例外就不再是例外，只是充满了不确定性的常态。先有边界，再谈爱与温暖，才是可以持续的。

德国哲学家彼得·斯洛特戴克（Peter Sloterdijk）认为，空间的发明和现代人的成长是一体的。

《日常的深处》提到，人的基本认知遵循"容器图式"，住房是身体的容器，肉体是灵魂的容器，我们总是想造一个"洞"，把自己同外在的环境区别开，创造一个属于自己的"里面"。整个人类的历史就是在创造不同的"里面"。

我们的房子是把我们的家和外部世界区别开的容器，家具是把不同生活功能区别开的容器，收纳盒是把不同类别物品区别开的容器。这些容器建立的就是各种"里面"和"外面"的边界。我们总觉得外面的世界才是自由的，但实际上，真正的自由，最终体现在我们如何去打造自己的"里面"（见图 6-79）。

一个真正的家，会给我们最有安全感的边界，也会给我们最大限度按照自己的想法去生活的自由。

图 6-79 服务案例 >>>
家是我们每个人的"里面"

C H A P T E

R07

第 七 章

生 活

拥抱变化，轻松前行

收纳要服务于动态的生活 ■□

没有习惯回路就会被琐事压垮

很多人学习了整理后，虽然会把衣橱收拾得井井有条，但依然觉得，家里到处都是衣服，让人心烦意乱。这是因为我们要搞定的不只是衣橱。

衣服会被拿出来穿，穿脏了要洗，洗了的衣服要晾晒，晾晒的衣服要拿回衣柜放好（见图 7-1）。这一系列动作，每一步都不能出错，否则整洁就会瞬间被破坏。

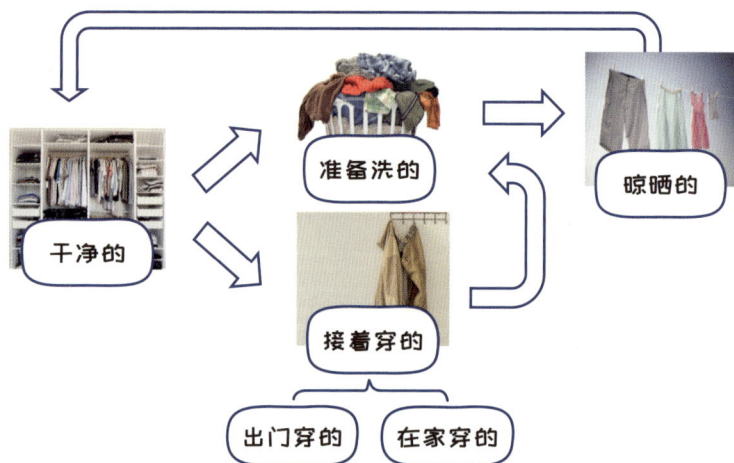

图 7-1 ▶▶▶
动态的衣物收纳系统

一个好用的收纳系统，不能止步于清晰的结构本身，还要有合理的流程。我们会不断添置新物品，流通旧物品，买回家里的东西会不断被拿出、使用和放回。在时间的维度上，它会不断地产生变化，偏离原来那个"定"的状态。一个合理的流程，可以让它再次回到原位，形成健康的循环。

到现在为止，我们讲的都是如何在骑车上山的时候，给自己的车子安装好用的"发动机"。但装好了发动机，在日复一日骑车上山的过程中，每个人维持的效能也有差异。如果你发现明明是一样好的自行车，自己却蹬得比别人更辛苦，可能就是你的日常流程上出了问题。

错误一：收拾的时候满屋子"游荡"。

你本来在整理客厅，结果把孩子的玩具从客厅拿到儿童房之后，就开始整理起儿童房的书桌，把书拿回书房后又开始整理起书房……你一直在家里走来走去，整理了很久却没有一个地方真正能看到成果。我们在整理的过程中，会要求集中不同空间的同类物品，但在收纳系统搭建好之后，日常的维持按照空间来操作才是最高效的。

建议先从私密空间，例如自己的衣橱、卧室开始，这样整理好的成果就不会因为别人的使用被很快破坏，可以保持较长时间的成就感。收拾的过程中如果出现了需要拿到别处的物品，就暂时都放在一边，千万不要立刻拿过去。当这个空间的所有东西都归位了，再把这些东西拿过去，开始收拾下一个空间。

错误二：收拾的时候陷入细节。

我曾经在网上看到有人说，自己每次打扫房间时，最后都会变成坐在角落里翻一本不知道什么时候写的本子。这个经历我相信很多人都有过。我的儿子在收拾玩具的时候，经常收着收着就玩了起来，我也会因为收拾到一半突然觉得缺个合适的收纳盒，于是打开手机搜索，结果过了很久，突然发觉自己竟然在挑衣服。

要改变这种情况，你可以限定收拾屋子的时间。例如，我会跟孩子说："用 10 分钟把你房间收拾好。"一个有明确时间限制的目标，才是更可靠、更容易实现的目标。如果需要购买物品，可以先找一张纸记录，这时可千万不要拿起手机，而是等整理结束后再一起下单购买。

在整理的过程中，如果遇到了信息类的物品，例如书籍、文件，不要开始翻看细节；如果遇到了情感类的物品，例如纪念品、别人送的礼物，也不要翻看回忆，而要把它们放在一边。整理这类物品需要大量消耗我们的脑力和心力，不适合跟日常琐碎的物品一起整理，要专门找时间来整理。

错误三：什么时候收拾完全看心情。

你会在什么时候收拾屋子呢？很多人都跟我说："任何想收拾的时候。"我把它称为"诈尸式整理"——心情特别好或者心情特别不好的时候，都可以是触发点。这是因为我们完全把整理当作释放情绪的方式，而不是日常生活。

骑车上山的时候，能够持续保持在一个轻松愉悦状态的，一定是有节奏发力的选手。一个收纳系统的维护，也应该是有节奏发力的。虽然我是个整理师，但并非每天在家里都对收拾屋子这件事情乐在其中。我会按照每日、每周、每月、每年安排不同的整理内容（见图 7–2）。

每日	每周	每月	每年
客厅 / 玄关 / 厨房公共区域归位	全部区域归位	暂存区整理	深度清理不需要的物品
准备第二天出门物品	全屋清洁	冰箱食材清理	全屋深度清洁
桌面清洁	更换鲜花	更换床品	全年工作回顾
当日大事项整理记录	上周总结和下周计划	照片及工作资料整理备份	年终总结和新年计划
		上月总结和下月计划	

图 7-2 >>>
有节奏的整理

　　每日要做的整理，我只需花 5 ~ 10 分钟就能在睡前完成；每周要做的整理，我都安排在周日的晚上完成；每月要做的整理，我会在每个月的最后一天完成；每年要做的整理，我会在年底辞旧迎新的时候花一段比较长的时间慢慢做。

　　这种固定的节奏会有很多好处。首先，我们不再需要专门为它做情绪和方法上的准备。到时间就直接执行，不需要反复去想"到底要不要做呢"。每次也都重复同样的方法流程，不需要专门思考应该怎么做。这帮我们省了非常多的精力和能量。

　　其次，可以减少和家人之间的冲突。如果我们完全看自己的心情，家里谁也不知道你什么时候突然整理，自然也就不会配合你。每个人都有自己的生活节奏，突然莫名其妙被破坏，冲突就会在所难免。

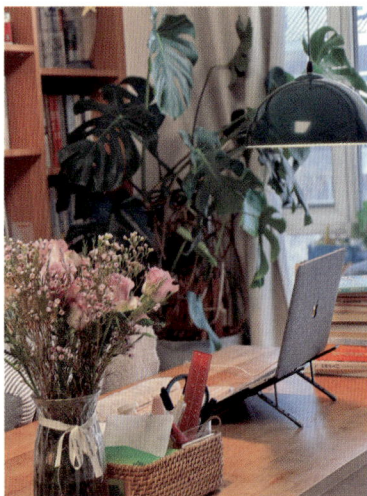

图 7-3 >>>
在家工作，享受自己整理后的成果

最后，这种提前"预谋"的操作，可以让我们最大化地享受整理的成果。周末的时候孩子不上学，全家人都在家里活动，辛苦了半天刚收拾好，瞬间又变乱了。这种一边使用一边维持的状态让人充满了挫败感。因此，我选择固定在每周日晚上整理，第二天就是新的一周，家人都出门了，我自己在家里工作休息，可以尽情享受自己的劳动成果（见图 7-3 ）。

我们上楼梯的时候，会自动有序地调动全身的肌肉和神经来完成这个动作，不需要专门思考。邹小强在《只管去做》中讲到，在我们每天的活动中，40% 以上都通过肌肉记忆在习惯回路上自动运行。如果没有这些习惯回路，每天早晨起来都要专门去思考如何把衣服穿到身上、如何刷牙洗脸、如何开门和关门……那我们的大脑早早就被压垮了。

《习惯的力量》中说，有一些"关键习惯"会在我们生活中带来各种连锁反应，而这些"关键习惯"往往都是一些很小的习惯。定期整理这件事，就是这样一种小小的"关键习惯"。它不是与生俱来的，**需要我们按照自己的生活需求，做好事先规划，并不断重复执行，直到形成固定做法**。一旦找到了这样的节奏感，就只需把精力都集中用在做好这件事本身上，在最大程度上减少无谓的内耗。

"归位性格"决定复原节奏

有一次出差，我回到家里已经是夜里 11 点多了。

一进门，我就把行李箱打开，把化妆品放入镜柜，证件票据放入文件夹，充电线放入抽屉，衣服扔进洗衣机……把所有东西都放回原位，就像我从来没有出过门一样，然后我再去睡觉。

我的表姐就完全不一样，她旅行结束回到家后通常都是把行李箱往客厅一扔，鞋子往门口一蹬，扑到床上睡得"不省人事"。等睡够了，才爬起来慢悠悠地收拾。

我和表姐分别代表了在日常整理活动中两种完全不同类型的人：即刻型和积累型。

即刻型，表现为每当用完一样东西，就必须立刻放回原处，对于"暂时放一下"的行为几乎 0 容忍，以至于有时候想着"该收拾一下"时，环顾四周却发现没什么好收拾的。

积累型，表现为用完东西喜欢随手一放，不会想要立刻归位，等积攒到一定程度或突然出现了想收拾的念头，再集中收拾一次。有时候还会出现一边收拾一边哼歌的现象，表现出对这个过程的极大享受。

这两种类型的差别，就像我们电脑内存大小的差别。即刻型的人的内存比较小，少量的临时存储都要立刻转入硬盘中才能感到舒畅，我们在心理和脑力上都不喜欢很多东西处在"暂时放一下"的状态。积累型的人的内存则比较大，可以容忍大量的临时存储，就算看到很多东西都堆在眼前，也不会感到很烦，可以积累到一定程度后再处理。

这两种类型的人其实都是怕麻烦的人，但怕的点完全不同。即刻型的人怕的是多次反复整理，希望能一次解决，哪怕头上时时刻刻悬着一把达摩克利斯之剑①也不是问题。积累型的人怕的是无时无刻要归位复原的压力，希望定时、定期来做这件事，哪怕多浪费一些功夫做二次整理也没关系。

　　因此，并不是说将物品立刻归位的人，就一定比积累一段时间再收拾的人，在整理习惯上更优秀。同一个人也可能在不同的场景和物品上，表现出不同的习惯。大部分时候都是即刻型的我，也会随意地在家里的书桌、玄关、床头这些地方放一些盒子，隔一段时间才会整理。

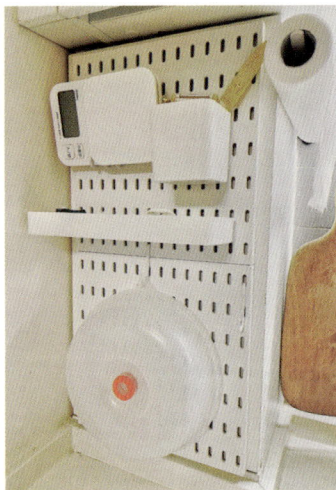

图 7-4 >>>
我家厨房的墙面收纳

　　这二者只是"归位性格"有差异而已，但这种差异，反过来决定了我们应该采用什么样的收纳系统。

　　如果你是即刻型的人，归位复原是随时随地都会做的事情，那么，最怕的就是这个动作本身太复杂。适合你的是动线尽可能短、动作尽可能少，并且使用更方便的工具的收纳系统。我家有大量的墙面收纳（见图 7-4），一个动作就能拿取和放回物品，只有这样，才能让我做到将物品随时归位。

---

① 源自古希腊的典故，用来表示时刻存在的危险或潜在的威胁。——编者注

　　如果你是积累型的人，那无论怎么简化收纳，你都会随手放，有时候甚至有一种"我就是不想放回原处"的叛逆心理。随手放本身并没有什么问题，怕的是随手乱扔的东西影响你房间的美观性和你的正常生活。适合你的收纳系统是在经常随手放的位置设置一些专门的暂存处，平常把物品暂时放置在一起，等时机到了再专门对这些位置进行整理。

　　以脏衣服为例，即刻型的人适合设置一个固定的、方便使用的脏衣篮，平时脱下来的衣服都放进去，洗衣服的时候直接拿走；积累型的人则要考虑在所有可能脱衣服的地方，例如玄关、卧室、淋浴间都设置脏衣篮，洗衣服的时候到各处搜集一番。

　　我曾经为一对新婚夫妇做整理服务，他们的卧室有一个飘窗，上面堆满了临时放置的衣服（见图7-5）。女主人小青跟我说，家里养了猫，洗衣服之后还要用特殊的烘干机，但是把烘干后的衣服挂回衣架对她来说是很麻烦的动作，一般都会暂时堆在飘窗上，等周末保洁人员来再挂起来或者叠好。但她觉得这些衣服看起来非常乱，猫又喜欢躲在里面，让衣服又重新沾上猫毛。

　　很明显，小青是积累型的人，如果我给她设定"洗干净立刻挂回去"的目标，她也实现不了。我们

图 7-5 服务案例 >>>

卧室飘窗堆满了临时放置的衣物

给出的解决方案是添置两个带盖子的布艺收纳箱，放在飘窗上，平时洗完的衣服就随手"积累"在这两个收纳箱里，盖上盖子防止猫捣乱。然后，给每周末来打扫的保洁人员的工作流程中加上"把箱子里的衣服整理到衣橱里"这一项，一切就能形成完美闭环了。

对于日常用品的整理，即刻型的人适合在桌面多放一些开放式收纳盒，细致分类收纳笔、便签等，直接拿取，直接放回（见图 7-6）。

积累型的人则可以把它们都收纳在抽屉里，在桌上放一个托盘或者盒子，日常用的东西随便扔进去暂存，过一段时间再集中细致整理一次（见图 7-7）。

对于学习笔记的整理，即刻型的人喜欢使用思维导图、Excel 和印象笔记等本身自带结构的，能一边看一边直接完成整理归档的工具。积累型的人则喜欢随便掏出一个本子，写写画画一番，等必要的时候再把这些本子拿出来，专门做一次梳理。

图 7-6 服务案例 ›››
即刻型的人的日常收纳

图 7-7 服务案例 ›››
积累型的人的日常收纳

在日常整理的节奏上，即刻型的人因为能够做到随时归位，所以即使没有定期整理的计划，问题也不会太大；但对于积累型的人，必须有定期执行的整理计划，才能保证不出现无法收拾的局面。

那么问题来了，我既不想立刻收拾，也不想专门找时间整理，难道就没有第三个类型的人吗？例如"永远不动型"？很遗憾，如果没有外力，例如其他人或者机器人干预，我还没有发现使用过的物品会自己跑回柜子里的情况。

因此，无论你是哪种类型的人，都逃不了整理。两种类型的人都有自己获得的好处，也都有自己付出的代价。就像一串必须吃光的葡萄，先吃酸的还是先吃甜的，只是体验上的区别。旅行回家打着哈欠收拾行李的我，和睡饱了起来大干一场的表姐，终究殊途同归。

消费性格决定调整频率

真正好的整理服务，复购率是非常低的。

帮客户完成整理，意味着一个适合他的收纳系统已经建立，"发动机"已经装好，我们绝大部分时候就不需要再去做什么了。但也有那么几次，我被服务过的客户又叫了回去。我发现，原本的收纳系统都还在，并没有什么大的问题。但这个家里又新买了非常多的物品，且没有及时流通旧物品，大量增加没有得到妥善安置的物品对一个收纳系统来说是非常大的考验。

这些新买的物品应该放哪里呢？答案肯定不是"哪里有空放哪里"。

我们随便一塞，就会打乱原本已经建立的秩序边界，因此每次新的物品到来，都需要有意识地停下来思考：事先为它规划的空间在哪里？同类物品在哪里？如果放同类物品的地方已经满了，可以流通一部分出去，也可以适当调整，和别的物品换一换。但无论如何，同类物品还是要收纳在一起（见图 7-8）。如果是之前并没有规划过位置的新物品，那就要用我们在做收纳规划的时候的思路——"做什么—用什么—怎么收"的顺序，来给它找到合适的位置了。

图 7-8 服务案例 >>>
新买的锅要跟已经有的锅放在一起

在《断舍离》一书中，山下英子对物品的进出这件事有一个非常形象的比喻：它就像一个水池的水龙头和出水口，如果我们一直开着水龙头而堵上出水口，水池中的水就迟早会溢出。如果把你的家也比作一个"水池"，它现在是以下哪种状态呢？

1. 快进快出：买得多，扔得多

水龙头一直开着，出水口也一直开着。虽然看起来是无谓的浪费，但不至于出现严重的淤堵和溢出的问题。

我的客户笑笑就是这种情况，她的家里有一个玻璃柜，在我们收纳的时候，它是手工作品的展示柜。结果过了几个月，笑笑又爱上了茶艺，添置了各种茶叶、茶具。我建议她把之前的一些手工作品处理掉，把玻璃柜改造成适合收纳茶叶和展示茶具的空间。这样做之后，新的爱好并没有给她带来什么收纳困扰。

如果你也像笑笑一样，是一个对生活充满了好奇心的人，今天变一个爱好，明天换一个生活方式，那么灵活、简洁、易于调整的收纳系统就更适合你。接受调整的麻烦，而不是抗拒这个改变的过程，才能让收纳跟得上自身的变化。

孩子的物品，建议都要以这个思路来处理，无论我们多喜欢那些旧衣服、旧课本，随着孩子的成长，物品都必然处在快速添置和淘汰的节奏中，收纳系统也要跟着孩子一起长大。

2. 快进慢出：买得多，扔得少

看到这里，很多人会立刻对号入座吧。对大部分想要学习整理的人来说都是家里的"水池"一直开着水龙头，却很少打开出水口。这时候，我们需要有意识地给自己制订打开出水口的计划。例如，制定"进一出一"的原则，买一件新的就舍弃一件旧的，收纳空间就能一直够用了。

家里的物品通常有两种，一种是可以反复使用的耐用品，另一种是需要快速更新的消耗品。对于消耗品，比如纸巾、油盐酱醋……在规划的时候就要按照日常采购的最大量来分配空间。平时购物的时候，也要按照空间的限制来购买。

其实，不只是消耗品，买所有东西之前，除了看是不是便宜、是不是喜欢，还要多问自己一个问题：家里还放得下吗？

"快进慢出"通常也会发生在一些特殊的场景中，例如过年的时候。自己买了年货，亲友又送了很多，每个人的家里都会多出各种礼物、食物和装饰品……冰箱被塞满，从玄关到厨房的地上都堆满了东西。这时候先不要焦虑，告诉自己，这只是暂时的状态，并不是家里的收纳系统崩溃了。同时，要想办法疏通这种拥堵，例如接下来的一段时间自己就不要再随便购买食品了，先快速消灭家里堆积的那些东西，或者把一些东西转赠给合适的人。

无论我们愿不愿意，"快进慢出"的状态都是不可持续的，如果一直这样下去，我们迟早会进入下一个"慢进快出"的状态。

3. 慢进快出：买得少，扔得多

把水龙头关上，然后开闸放水，这种情况的发生通常都是到了逼不得已的时候。家里实在放不下了，不得不开始扔东西。它也会出现在一些特殊时刻，例如，在搬家、失恋、辞职等人生节点上，我们会通过断舍离，来制造生活变化的仪式感。

既然东西越少越容易管理，那是不是意味着"慢进快出"就一定是好事呢？不一定，这取决于你是如何做决策的。如果你只是为了一时的情绪释放而扔东西，那就很容易扔错。而这些扔错的东西，很快就会在你再次需要、恢复理性的时候又重新买回来，这才是最大的浪费。总是情绪性购物，情绪性扔东西，又情绪性购物的人，会陷入"快进慢出"和"慢进快出"的死循环。

只有合理地思考和判断，舍弃真正不需要的东西，才不会反反复复。慢慢地，我们会进入下一个状态，也就是最稳定的"慢进慢出"。

4. 慢进慢出：买得少，扔得少

水龙头细水长流，出水口慢慢释放，这是最省心的。你的收纳系统会长舒一口气，这种情况下它面对的挑战非常小，可以持续稳定地为你的生活服务。很多人长期实践整理术后，都会达到这样的比较理想的状态。不仅花在维持整洁上的精力非常少，需要调整收纳系统的时候也非常少（见图7-9）。

我们每个人家里都有一个空间，可以非常明确地体现出消费速度对收纳的影响，那就是冰箱。

相信你一定在网上见过很多冰箱收纳图片吧。食材经过精心的预加工之后，被分装到一个个小盒子

图 7-9 服务案例 〉〉〉
衣物买得少，衣橱就不怎么需要管理了

里，整个冰箱空间被整整齐齐的小盒子填满，不留任何空隙。但在我见过的真实生活案例中，还没有谁能够真正驾驭这样的收纳系统。大部分人都在尝试之后，又回到了原来随便一塞的状态。

为什么我们学不来网上的冰箱收纳系统？原因很简单，我们不是生活在网上。

对大多数家庭来说，冰箱都是"快进快出"的地方。食物变化的速度非常快，因此调整收纳系统的频率也会非常高。如果采用过于细致的

管理方法，就需要我们为之投入大量的时间。如果你每天早出晚归，回家还要做其他家务、陪伴孩子，是没有这么多时间用来对快速变化的食物进行这么精细的管理的。

适合职场女性，甚至忙碌的全职妈妈的冰箱收纳系统，应该是大致分类、简单预处理（见图 7-10）。

不同的消费性格决定了我们对收纳系统的调整频率，这是因为生活本身的变化，必然会带来对收纳需求的变化。当我们接受了变化是生活中的常态时，也就能理解为什么对抗熵增是人生永远的课题了。

图 7-10 服务案例 >>>
大致分类的冰箱收纳系统

最难的是来自人的挑战 ■□

为什么家人总是不配合

物品的使用循环已经够复杂了，但在这个循环外，还有一个消费循环（见图 7-11）。好的收纳系统，必须能够应对这两个循环持续带来的考验。

但不要忘了，还有一个最大的考验：在你的家里，这两个循环中的每件事情，都有多少人参与？

很多找我咨询收纳问题的人，都会提到伴侣、老人、孩子给自己带来的困扰。他们说，如果家里只有自己，一定会非常整洁，是别人扰乱了他们的生活。

我们自己的衣柜，一直都井井有条，但孩子的衣柜就经常乱七八糟。全家人都可能会去拿孩子的衣服，把衣服放回去的时候也不会按照我们

图 7-11 ▶▶▶
使用循环 + 消费循环

设定好的方式。孩子的玩具就更麻烦了，爸爸妈妈、爷爷奶奶和孩子一起往外拿，孩子负责使用，只有妈妈一个人往回收，实在是太累了。

我在做上门整理之前，经常会问客户：家里是谁负责做饭？如果只有一个主厨，我就会立刻松一口气，厨房只要按照这个人的需求来收纳就可以了。如果听到"我们全家都喜欢做饭"，那我的压力立刻就增加了。厨房的各处细节都彰显了个人习惯，从哪里拿调料顺手、用完的碗喜欢放在哪里……每个人都有自己的喜好，还带着完全不容置疑的固执。厨房就像一个将军的战场，你很难想象，一个战场同时配了 3 个将军会是什么情形。

奥地利经济学派里有一个重要的概念叫"自发秩序"，它认为我们今天在社会上看到的秩序，不是由一个人专门设计出来的，而是由无数人的行动汇合而成的。如果我们家庭人口多，上有老下有小，各人的爱好习惯不同，那最后家里的秩序也会是一种"自发秩序"，只会达到一种相对符合我们需求的状态，很难完全按照我们之前刻意设计的那样去彻底执行。

当我们的收纳遇到来自家人的挑战时，该怎么办呢？首先，我们要知道背后的原因，通常并不是家人非要跟我们对着干。

原因一：标准和预期不同。

秩序不等于秩序感，你觉得"这样太乱了"，家人可能觉得"已经很好了"，你们对秩序感的期待从根本上就不一样。

原因二：归位习惯不同。

你是即刻型的人，用完就会立刻放回去，但家人喜欢先随手放，有心情了再收拾。虽然你觉得不对，但还没有到他们想要收拾的那个时机。

原因三：消费理念不同。

你喜欢买贵的、好的、新的物品，但家人觉得旧的物品也可以用，遇到折扣的时候就应该多买一点。这种消费习惯的差异，大部分来自成长环境和原生家庭教育的差异，是难以撼动的价值观。

原因四：没有参与过程。

义务来自权利，权利来自参与。内外一致的秩序感，是通过整理的过程获得的。你喜欢没事就在家里收拾一下，改变物品的位置，即使这个位置更合理，但家人没有参与，反而常常有失序的体验，自然也就很难做到配合了。

原因五：其他矛盾的显现。

明明有更好、更轻松的收纳方式，但家人就是不配合，甚至故意把东西乱扔，这也许就不是整理领域的问题了。

我经常被家里的女主人请去整理孩子的物品，我发现孩子对待整理的态度完全不同。有的孩子非常配合，对我们也很热情；有的孩子非常抗拒，禁止我们动任何东西。我曾经反思，是不是自己的服务和交流方式出了问题？后来我才理解，孩子的抗拒在本质上并不是针对我的工作，而是孩子和父母之间的亲子关系出了问题。孩子把对父母的抗拒，转移到了我们这些"爸爸妈妈请来收拾"的人身上。

请我们去做整理服务的客户，大部分是女性。在这些不同的家庭里，男主人对待我们的态度也有很大的差异。有的男主人非常尊重我们，积极参与整个过程；有的男主人则不闻不问，完全交给妻子；也有少数男主人会表现得非常没有礼貌。这跟我们的服务本身也无关，只是他们夫妻之间亲密关系的折射。那些非常尊重我们的男主人，其实也非常尊重自己的家人。

　　我不止一次拒绝过年轻人请我们去帮助他们的父母做整理的需求。这些老人并不觉得自己的生活有什么问题，每一件东西都有用，且都在该在的地方。但孩子们觉得他们囤积了太多不需要的东西，必须断舍离。这个时候我们去争论究竟该不该扔掉这些东西，是不会有答案的。

　　我非常喜欢王小伟老师在《日常的深处》中对这件事的解释："这些满载过去的物件，其实是存储在未来之中的。"老人一般都会说，将来可能还能用到，实际上将来用不用它不是最重要的，真正重要的是将自己看成一个有未来的人。这对一个即将走到生命尽头的人来说，是一种生存的信念。我们强迫他们丢弃，背后隐含的台词是：这些东西不会用上了，你没有什么未来了——这确实让老人很难接受。

　　真正健康的亲密关系并不是追求绝对的一致，而是即使对方和自己的需求不同、习惯不同、重视的东西不同，也会有包容和妥协的空间。因此，我们在整理的时候，如果家人特别抗拒，也可以尝试不去纠结收纳方式本身，而是从改变与家人的交流方式和亲密关系入手，很多事情也许就会顺其自然地得到解决了。

用 3 种思路解决冲突

　　采用责怪、训斥的方式要求家人按照某种方式去做，往往没有什么作用。遇到这种情况，我们不妨向经济学家、商人和法学家学习他们是如何解决人和人之间的冲突的。

1. 向经济学家学习

经济学家认为，一个好系统的总体维护成本是最低的，我们应该通过市场机制的建立来决定每个人的行为，而不是反复说教。其实大部分收纳问题，都是收纳系统不够科学导致的。也就是说，收纳系统的市场机制不够好，导致大家的行为没有朝着预期的方向发展。

整理改变一个人的路径是"环境引导行为，行为塑造态度"。在《助推：如何做出最佳选择》这本书中，理查德·塞勒提出，我们每个人都可以成为设计师，通过对环境的设计，巧妙地影响人们做出更好的选择。通过对收纳系统这个环境的设计，隐藏不希望的选项，让你期待的选项更容易被家人选择。在日复一日的行为中，家人对整理的态度就会自然而然地发生改变。只要有条件去改变环境，就要从环境入手，这是最聪明和省力的办法。

一个能够最大程度地包容全家人差异的收纳系统是什么样子呢？第一，它一定是有边界的系统。有明确的个人空间和物品归属，谁的地盘谁做主。第二，它一定是一个预期合理的系统，对于公共空间和物品的收纳，如果希望人人配合，那一定是一个低标准、低要求的收纳系统（见图 7-12）。

让家人尽早参与这个收纳系统的搭建，也有利于它成为真正好的收纳系统。提前询问

图 7-12 服务案例 >>>
全家都吃的零食放在最方便拿取的小推车上

家人的想法和需求，了解他们期待的家是什么样的，请他们帮我们一起把东西搬出来集中，一起做分类，让他们自己决定自己物品的去留……当然，这个过程会涉及大量的沟通，可能会比我们自己做的效率低很多，很多人会失去耐心，觉得不如自己直接做了。

但我们要知道，从长远来看，家人参与的好处非常大。心理学研究表明，人会加倍努力去执行自己的方案。我的很多学员都是一开始独自整理，家人会抱怨，后来他们改变做法，全家一起群策群力，家人不仅少了怨言，在日常生活中也变得更加积极，会自动自觉地维护自己的工作成果。

2. 向商人学习

商人认为，对于一件事情，谁的损失大，就是谁的错，谁就应该承担更大的责任。放到我们家里，就意味着乱了谁更不爽，谁就应该收拾，因为不收拾让他的损失最大。这句话听起来似乎很不讲道理，却是我们人生中大多数看似无解的冲突背后的终极答案。

如果你觉得和放在桌子上相比，一根耳机线放在抽屉里收起来才整洁舒服，而家人对此感觉没有任何区别，他只是习惯了将耳机线扔在桌子上而已，那么他很可能只会坚持他的习惯。哪怕有的时候你的做法更方便、更科学，也很难让他做出改变。

很多问题往往都是要求高的那个人自己做不到造成的。例如我们希望厨房达到自己要求的那种整洁状态，但是自己又不做饭；我们希望客厅时刻保持整洁，但是我们又没有多少时间待在家里。总有人说，我不是不会，只是没时间做。事实上，不是不会才叫做不到，没时间做也一样是做不到。权利和责任是高度统一的，当我们需要别人的协助来完成那些我们没有时间去做的事情时，就代表我们无法对它负全责。那么，我们也同时失去了给它定标准的绝对权利。

熵减是和自然规律对抗的事情，所有这类事情，除非有人的推动，否则绝对不会自己发生。如果感到困扰的人是你，那么就只能由你来推动它的发生。

《小狗钱钱的人生整理术》中说："我们将问题归因于谁，谁就主宰着我们的生活。"一旦认清楚问题的归属，那就谁有困扰谁来解决，在做事的时候，看清楚了其实是在为自己而做，我们就重新成了自己生活的主宰。内心的抱怨和不甘心会大大减少，也不会再把要求别人努力达到我们的标准当作理所当然的事。

3. 向法学家学习

对于这样的问题，法学家也有不同的角度。他们的看法就是，每个家庭成员都有维持公共秩序的基本义务。

我的一些客户和学员，对自己的要求非常高，不但要求自己承担起整理的全部责任，还要求自己容忍其他人的一切。即使遇到了对家庭事务完全不管不顾的家人，也一直全盘接纳，最后自己非常痛苦。这就进入了另一个极端。

法学家告诉我们，必须针对家庭责任进行沟通，如果觉得对方没有履行自己应尽的义务，给我们造成了困扰，就要大胆提出。不要求他人必须为自己做些什么，但每个人又要主动承担起自己的责任，这就是一个家最好的样子。

《幸福之路》中讲道："理性的人会把自己的不当行为看作是特定情境的产物，而避免的方法无外乎两种，一是充分认识这些行为的不当之处；二是有可能的话，避开可能诱发这些举动的情境。"在一个家庭里，想要行为得当，就要建立共同的是非准则，但也要尽量从搭建环境的角度去规避冲突。经济学家、商人和法学家的方法，我们都要学习。

杨绛先生讲过这样一件事，她很爱整洁，但女儿阿瑗和丈夫钱钟书先生结成一帮，暗暗反对她的做法。不过他们对彼此都很妥协，父女俩把毛巾随手一搭，她就重新搭整齐。她从不严格要求，他们也不公然反抗。在我看来，这就是一个家最好的状态。

整理是为了不整理

用整理的思维去生活

欢迎来到本书的最后一个小节。请允许我和你分享本书的写作过程。

本书的核心内容来自我的"慢整理"课程以及我的上门整理服务案例，同时借鉴了心理学、经济学、项目管理的基本理论。在动笔之前，我先把课程知识要点和日常的读书笔记全部回顾了一遍，又选了一些典型的案例资料，对它们进行分类整理后，形成了第一个版本的大纲。

之后，我花了很长一段时间完成了初稿的编写。在这个过程中，我并没有过多考虑内容最终的呈现方式，也没有过多权衡每一个章节的具体内容最后是不是一定会保留。想到了什么我就先写下什么，尽可能做加法。如有必要，我会停下写作，重读看过的书籍或者翻阅新的书，对理论知识进行补充，补充的知识我都会根据内容放入已有的结构中。

在初稿完成之后，我又回顾了本书的写作目标，根据目标删除了一些不必要的内容。这个时候绝不可以心软，因为"好的作品都在删掉的文字里"，如果把初稿内容直接呈现给大家，就会有各种多余的、重复的、偏离目标的内容，严重影响阅读体验。

最后，对保留的内容重新进行结构调整，形成最终的自上而下的结构，也就是你看到的目录。

是的，我就是用本书里讲的方法，像整理我的家一样，整理出了这本书。先不断通过"集中－分类"，充分了解自己拥有什么素材，自下而上进行现状分析，把一切摊开、拆解，再逐步向上归纳、总结，形成一个金字塔结构，实现信息的显性化和结构化。然后，再对素材进行筛选和取舍，保留和目标吻合的那些，对筛选后的素材进行自上而下的规划，形成和目标一致的最终结构，实现了个性化。

自下而上地掌握现状，自上而下地规划未来，如图 7-13 所示，"整理四步法"对应的思维过程，我们几乎可以把它运用到任何领域，大到做战略规划、策划活动、写报告，小到选择衣物穿搭、安排周末旅行、做一顿年夜饭……这些都可以通过"集中（信息收集）－分类（信息归纳）－筛选（信息取舍）－收纳（信息输出）"的方法，顺利完成。

图 7-13 >>>
整理四步法对应的思维过程

不懂棋的人看棋局，只会看到一堆单独的棋子，而下棋大师们看棋局，会看到棋子不同的排列组合。整理代表的结构化思维，就是将各个部分按照一定规则进行排列组合，从而把零散的、分散的信息，变成系统的、有序的信息，形成更好的解决方案。

《佐藤可士和的超整理术》一书在结尾说道："整理和解决问题在同一维度互相连接。"对此，我深以为然。如果我们回顾一下在整理过程中的感受，会发现，它对我们思维方式的影响远不止于此。

1. 全局思维

当我们去做"集中"这个动作，把同一大类的物品从柜子里全部拿出来摊开时，会产生跟平时不一样的感受。看看空空如也的柜子，也会有新的感受。这时候，我们就建立了对物品和空间的全局观。

这种全局观可以帮助我们更精准地抵达目标，减少反复推倒重来的可能性。比如，在出发去目的地之前，先看一下地图和大致路径；在阅读一本书之前，先把目录浏览一遍；在沟通的时候，先允许对方把所有想法都说完……这些都是全局思维的体现。我们越是靠近一个问题，越不容易看到它的各个方面。无论是实体物品还是信息，先从细节里退出来，换一个更广阔的视角，就能更好地观察事物的本质。

罗素在《幸福之路》中说："有些人很自然地便将生活视为一个整体……另一些人则将生活视为一连串没有关联的事件，既不确定，也不统一。我认为前者比后者更可能获得幸福，他们会逐步建设环境让自己得到满足和自尊，而后者却会被环境之手推来搡去，永远找不到栖息之地。"

2. 辩证思维

是应该尽可能地减少物品，把空无一物的家作为终极目标；还是营造烟火气，享受被各种喜欢的物品包围的生活？

应该想尽办法充分利用一件物品，还是将它快速流通出去，节省自己的时间？

一个奢侈品包，是不是一定比一个塑料袋更有价值？

……

在真正学会整理之前，我们也许会认为这些问题的答案是唯一的、绝对的。但在整理的过程中，我们会看到，同一件物品，对不同的人有不同的价值定义；同样的房子，不同的人可以有不同的住法。这个世界从来都不是非此即彼的，这就是辩证思维。

当我们决定留下一件物品时，看起来是得到，但可能因此失去了更多的空间和时间；当我们决定扔掉一件物品时，看起来是失去，但可能因此改善了心情。每一件免费的礼物都暗中标记了价格，每一次付出的代价也都一定会带来回报。

事物本身包含着矛盾和冲突的要素，这是在对立统一中不断向前发展的。

3. 项目管理思维

在做通信工程师的时候，我做了很多项目管理工作。几年前，我学习并考取了项目管理证书。在本书中我提到的很多方法，例如 SWOT 分析法，都是我在项目管理工作中学到的方法。在我看来，整理就是管理一个项目，它们有非常多的共同之处，从下面几个问答中就可见一斑。

问：整洁有序的家应该是什么样呢？

答：先去看看别人是怎么做的，找到和自己情况差不多的喜欢的家，从模仿开始。这是标杆对照（Benchmarking），指的是将实际或计划的实践与其他可比组织的实践进行对照，以便识别最佳实践。

问： 怎么才算整理好了？

答： "整齐漂亮"这个目标没有意义，我们可以根据收纳的 5 个问题阶段和自己的具体情况制定这样的目标：在学习课程的过程中，用 3 个月，解决家里 80% 的空间不好用的问题，打造每天 10 分钟就可以恢复原状的收纳系统。像这样描述，才是科学的、可以检验的目标。这是 SMART 原则，它是公认的制定目标的规则，它要求我们的目标必须具备：Specific（具体的）、Measurable（可衡量的）、Achievable（可实现的）、Relevant（相关的）、Time-based（有时限的）这些要素。符合 SMART 原则的目标，就不再只是美好的愿望，还能带来看得见摸得着的结果。

问： 全屋整理应该从哪里开始？

答： 这个任务太大了，建议把它分成衣物、书籍文件、清洁个护、饮食几个部分来做。衣物再进一步分为不同家庭成员的衣服、配饰、床上用品；书籍文件进一步分为书、本、重要合同和其他纸质文件等。这是工作分解结构（Work Breakdown Structure，WBS），对为创建所需成果而要实施的全部工作进行层级分解。分解后的每一个小任务，都是独立的可执行的任务。只有将任务逐层分解，才能统筹全局，安排人力和物力资源，把握项目的进度。

问： 无法在最开始的时候就做好完美的规划该怎么办？

答： 没有谁可以 100% 地严格执行一个规划，就算是专业团队带着已经非常详尽的提案去上门服务，也有很多决策是在现场做出的。先尽最大努力做规划，在操作过程中发现问题，再反过来调整。这是 PDCA

循环，指的是按照计划（Plan）、执行（Do）、检查（Check）和行动
（Action）的顺序进行项目过程中的质量管理。在执行过程中，需要重新
审视，并把分析的结果放到下一轮的执行中，最终取得最好的效果。

问：家人不配合整理怎么办？

答：询问家人的期待，观察他们的习惯，尽可能邀请他们参与整理
的过程，以减少整理过程中的阻力。这叫作干系人（Stakeholder）管理。
干系人是能影响项目决策或结果的人和会受项目影响的人。为了确保项
目成功，必须针对项目要求来管理各种干系人对项目的影响。

很多人觉得家庭主妇的技术含量低，容易被替代，这真的是天大的
误解。能够靠自己做好整理，把一个家管理得井井有条的人，在职场上，
是可以做好项目管理的人才。

4. 升维思维

集中的时候，我们把所有物品都摊开成一个平面；完成分类后，就
形成了二维的结构；然后把它们放入立体的空间中，就形成了三维的系
统。最后，我们给它加上"时间"这个要素，在日复一日地使用、复原、
维持中，形成了四维的收纳系统。

如果我们局限在二维、三维的角度，反复琢磨物品该怎么分类，该
放在哪个柜子，就很容易进入死胡同。只要再升级一个思考维度，把
"时间"这个要素考虑进去，会发现很多问题自然就有了答案：同时使用
的应该放在一起，每天都用的要方便拿取才行。

升维思维，就是站在更高维度看待问题，它要求我们跳出既定框架，
拓展思维空间。

我曾经听一位育儿专家讲，很多父母在孩子开始长牙的时候，都会非常焦虑：别的孩子都已经长牙了，为什么我的孩子还没有长？别的孩子都长了 3 颗牙，为什么我的孩子只长了 1 颗？但如果我们把视线拉到时间的维度——有哪个成年人是不长牙齿的呢？等孩子长大之后，你会发现，当时到底几个月长了几颗牙，根本就是无关紧要的问题。

当你站在更高的维度去看之前觉得无解的问题时，它也许就变成了很简单的问题，甚至根本就不是问题。

5. 成长思维

本多沙织在《收纳，让家务更轻松》一书中说："收纳是试行的连续成功。"这说明它从来都不是确定的状态。我在第一份工作中，曾经参与了所在企业的能力成熟度模型集成（Capability Maturity Model Integration，CMMI）考核评估工作。CMMI 最高级别的标准，是"目标驱动，识别过程短板，持续改进"。也就是说，一个成熟组织的最佳形式，是可以自我升级，应对持续不断的变化和挑战的。

如果说一个健康的收纳系统也应该是成熟的组织结构，那就意味着，当我们的生活发生了任何变化时，例如搬家、换工作、结婚、离婚、生育、长大、变老……新的生活，新的成员，还有每个家庭都一直在不断添置的新物品，都能够在调整中被顺利纳入我们的收纳体系。

科学的发展表明，思考世界的最佳方式应该基于变化，而非不变。当你不断在家里寻求一种确定的秩序，你得到的可能不过是表面的秩序；当你开始拥抱生命的变化、波动与不确定性时，你反而能够把握秩序、掌控局面。这个时候，我们拥有的就不再是表面的一丝不苟，而是成长型的思维方式。

　　说到这里，你是否对整理这件事有了全新的认识？除了需要体力、分类、空间规划、审美能力，整理还需要有全局思维、辩证思维、成长思维，要懂得观察、交流，会处理冲突，懂人际关系……因此，一个真正能把家管理好的人，在面对人生中各种复杂的难题时，也会充满力量。

用整理建立和家的心理连接

　　英文中驯化（Domestication）这个词，源自拉丁语的家（Domus），这代表着家和我们之间存在着一种特殊关系。

　　在人类还是采集者、狩猎者的时候，会四处流浪，哪里有食物就到哪里去，并没有家的概念。直到人类驯化了小麦，让它可以按照自己预期的那样，春天播种，秋天收获，于是人类便进入了农业时代。这个时候，人类也不再四处流浪了，而是停在原地等待食物成熟。人类盖起了房子，在里面放上农耕所需的各种工具，再摆上自己喜欢的各种东西做装饰……随着房子里的东西越来越多，人类也失去了想去哪就去哪的自由，搬家变得越来越困难了。

　　到了现在，搬家已经是我们生活中很有压力的一件大事了，有的人的家里甚至在搬家后半年，都堆满了未拆封的箱子。很多人不得不为这件事情花费大量金钱，请搬家公司、整理团队。我的日常业务中也有很大一部分是搬家整理。

　　住在山洞里的原始人不需要学习整理，整理是在物质文明和精神文明高速发展的前提下，在生活富足、技术发达、信息爆炸的社会中才会有的需求。混乱，其实是非常奢侈的烦恼。

《人类简史》中讲到，人类从狩猎时代进入农业时代这段历史的时候，提出了一个让人深思的问题：到底是我们驯化了小麦，还是小麦驯化了我们？答案是，驯化是相互的。

曾有研究表明，如果让患有阿尔茨海默病的病人离开自己家去医院接受治疗，反而会加重病情。也就是说，改变了这些人的居住环境，就等于伤害了这些人。如果你真的拥有过一个家，就会发现，这个空间和空间里的物品，已经成为你的心灵不可或缺的一部分了。

我们拥有的一切，都会反过来拥有我们，占用我们的空间、时间、精力、情绪……我们拥有的越多，牵绊也就越多，留给我们的自由空间就越少。

消费行为带来的买卖关系，会让我们越来越空虚，只有不断地投入时间和精力去熟悉、管理、使用一件物品，我们的内心才能不断地产生意义感。知道我有它，知道它在哪里，看到它，喜欢它，为了满足自己生活的需求去不断使用它。整理的最终意义，就是让我们和每一件物品以及家之间，建立这种深刻的连接。

在整理的过程中，我们也会反过来照见自我：我们允许什么样的物品进入我们的生活？如何决定它们的去留？它坏了的时候是修补还是替换？常常需要但觉得不够体面的物品，是不是都应该藏起来……这些看起来微不足道的事情，其实就是"我是怎样的人"这个我们一生中最重要的问题的答案。

我常常说，在做上门整理服务的过程中，我们见到的是每个家庭最真实的一面，尤其是当所有物品被全部摊开在面前，任何修饰和描述在这个时候都显得苍白无力且毫无必要。几年前，北京有个叫作"物尽其用"的展览，展出的是一位老人家里积攒了数十年的各种大小杂物。即使我们从未见过这些物品的主人，在看完之后，也会对她是个什么样的人有所感知。是用过的东西造就了我们的一生，我们作为自我的主体性，就是在与物的交互过程中不断构建出来的。

在《小王子》的故事中，狐狸对小王子说过这么一段话："现在你对我来说，只不过是个小男孩，跟成千上万别的小男孩毫无两样。我不需要你。你也不需要我。我对你来说，也不过是只狐狸，跟成千上万别的狐狸毫无两样。但是，你要是驯养了我，我们就彼此都需要对方了。你对我来说是世界上独一无二的。我对你来说，也是世界上独一无二的……"

现在，请你把"小男孩"换成我们的家、家里的物品，把"狐狸"换成我们自己。

"对我来说，你只是一间钢筋水泥的房子，就像其他千万间房子一样；你只是一件衣服，就像商场里挂着的千万件衣服一样。对你来说，我也不过是一个居住者，一个穿衣服的人，和其他千万个人一样。但是，如果你驯服了我，我们就互相不可缺少了。房子就变成了我的家，衣服就变成了我的形象。对我来说，你就是世界上唯一的了；我对你来说，也是世界上唯一的了。"

随着人工智能的飞速发展，每个人都开始思考一个问题：我的工作是不是人工智能可以替代的？英国皇家学术院院士白馥兰（Francesca Bray）认为，相比于计算机和人工智能这些"高技术"，穿衣吃饭这些"低技术"更值得深入观察，因为它和我们每一个人的生活更加息息相关。整理收纳就是一种"低技术"。如果我们只停留在把各种物品摆放整齐上，那它就完全可以被高科技机器人替代；但如果把它看作生活和文化的一部分，那人在其中的作用则至关重要。

我们的目的并不是建造一个物理空间，而是经营一个家。

把空间装饰得华丽精致并不会让我们幸福，如果没有连接，房子越大，心里越空；拥有很多物品并摆放得整整齐齐也并不会让我们幸福，如果没有连接，拥有的物品越多，压力就越大。五星级酒店也许很整齐干净，但无法带给我们心理上的安慰。别人家也许房子很大，装修很豪华，但对你来说，没有美满幸福的体验。**只有人、物品和空间之间彼此驯化，建立深刻的连接，家才能带给我们无法被拿走的安全感和幸福感，成为我们精神的充电站**。

在每次课程结束时，我都会问学员一个问题："整理是为了什么？"大家给了我很多不同的回答。

我们花了这么多的脑力和体力，把东西拿出来又放回去，做痛苦的筛选决策，买各种各样的柜子和盒子……到底是为了什么呢？自成为整理师以来，我一直在思考这个问题。直到有一次，我在《惊呆了！思考原来这么有趣》这本书中看到了一句话："逻辑是为了不思考而存在的。"我突然就找到了那个问题的答案——整理是为了不整理（见图 7–14）。

当我想在家看会儿书时，可以立刻通过书柜的分类找到想看的那本书，用一个动作把它拿出来，从餐边柜拿出茶叶，给自己泡上一壶茶，然后来到洁净整齐的书桌前，舒服地开始阅读（见图 7–15）。如果没有事先做好的整理，光是"拿出想看的书""拿出茶叶"这些事情，就需要经过各处查看、寻找、挪开胡乱堆放的杂物等一系列过程，最后还不一定能找到。

图 7-14 >>>
整理是为了不整理

图 7-15 >>>
我在整理好的家里喝茶、看书

近藤麻理惠曾经说过，她可以准确说出家里某个柜子里的某个盒子装的是什么，这种感觉就像一个自动运行的程序，凭借逻辑就可以完成对结果的推理。我们用四步法来整理，集中、分类、筛选、收纳，最终都是为了形成这个能自动运行的逻辑。一旦整理的逻辑被建立，一切问题都可以套用一个固定的路径来解决，只要照着执行，就一定能得到一个好的结果，我们就不需要再进行任何费力的思考了。

如果我们从能力和意愿两个角度来度量整理这件事情，就会形成如图 7-16 所示的整理的 4 种状态。

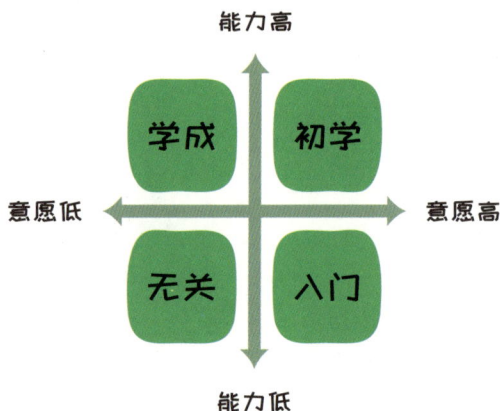

图 7-16 >>>
整理的 4 种状态

第一种：意愿低，能力低。

不会整理，也不想整理，这代表了我们身边的大部分人。他们对秩序感的要求没有那么高，也不觉得自己需要解决整理这个问题。对这一部分人而言，整理是与自己无关的事情，我们不需要去改变他们的看法。如果你真的很想帮助他，可以多用自己的成果去影响他，也许哪一天，他突然就会对整理产生兴趣了。

第二种：意愿高，能力低。

受到别人的影响，或者自己的内心对秩序感产生了要求，但不会整理，能力还达不到。这部分人是学习整理的主力军。在看本书之前，也许你正处在这种状态。

第三种：意愿高，能力高。

经过学习和实践之后，掌握了整理的技能，在各种场合都跃跃欲试。

我非常期待，在看完本书后，你会有所提高。

第四种：意愿低，能力高。

这是我们最终要达到的理想状态，也就是整理后的不整理。

作为整理师，我总被问："你是不是每天都喜欢在家里收拾？"实际上，在生活中，我的整理意愿非常低，这就好像一个医生不会在家里以动手术为乐趣一样，我只会在需要的时候，用这个技能解决问题。因此，整理并不是自我游戏，一个自称"整理控"的人其实没什么好自豪的。**整理不应该被视为一种信仰和价值观，它只是过上理想生活的一种手段。**

我们要做的不是管理时间，而是不被时间所管理；不是控制环境，而是不被环境所控制。"总是列详细的时间表"代表着你在被动忙碌，"拥有可以消磨的闲暇时光"才意味着你做好了时间管理。同样地，"总是想整理"说明你还没有做好整理，"没什么要整理的"才会真正改变你的生活。

能量守恒定律告诉我们，能量的总值是不变的，但熵增定律又告诉我们，随着熵的增加，我们对能量的利用率会变低，有效能量会一直减少。当你感到生活总是在消耗你时，你需要的并不是不断为它注入新的能量，而是保护好你已经拥有的能量。

爱因斯坦曾经说："熵理论对于整个自然科学来说是第一法则。"

薛定谔认为："人活着就是在对抗熵增定律，生命以负熵为生。"

《纳瓦尔宝典》说："人的一生就是在力所能及的范围内减少无序状态，即所谓'局部熵减'，这是你的人生责任。"

熵增定律已经远远超过了物理学的定义，成为哲学意义上的世界观。

我们对秩序的追求，并不是为了表面的形式，而是对待有限生命的积极态度，是创造幸福人生的必要行动。

我非常认同罗素对幸福的定义：**幸福并不是欲望不断被满足，也不是情绪上的所谓快乐的刺激**。幸福的生活从很大程度上来说，必定是一种宁静的生活。整理教会我们最重要的一点，就是**去看见、审视、用好当下已经拥有的一切**，给自己的生活不断做熵减，让它不仅可以给我们带来真正的宁静，还能一直焕发活力与新生。唯其有限，生活才能历久弥新。

学员成长故事

我从老师这里，不仅学习到了整理技能、思考方式，获得了心灵疗愈，更重要的是还学会了"随时调整自己的心态来应对生活状态的改变，不内耗和焦虑，相信一切难题都有办法迎刃而解"。

——梦辰　一个永远在整理和折腾的人

可以说，"慢整理"课程终结了我在整理中的两大噩梦。第一个噩梦是，物品在家里"乱窜"。以前，家没整理好，"黑洞"却越来越多，人也越来越烦躁。直到学习了"慢整理"课程的生活地图，那些四处躲藏的无用之物暴露无遗，家立刻清爽起来！第二个噩梦是，舍弃物品时的死循环。过去，被扔掉的物品，不久后又会被买回来，买回来没多久，又被扔掉。一些明显不需要的物品耗费了我大量的时间、精力、情绪和金钱。神奇的是，自从学习了"慢整理"课程，我打破并终结了这个死循环，我至少舍弃了上千件物品，没有一件被重新买回来，也没有一件再被记起。

——Olivia　外企职员

很幸运遇到了蚂小蚁老师与她的"慢整理"课程，这套课程我总共上了 3 次，每一次都有全新的收获。自从掌握了生活地图的概念，我再也不会对"这个东西应该在哪里"这个问题感到苦恼了。

从对物品的掌控，到对信息、生活和关系的掌控，宇宙万物的底层逻辑是相通的。蚂小蚁老师的知识体系与课程产品在一刻不停地迭代，而我的思维认知、生活目标和价值观也随之不断地更新着。

——蝈蝈　韩语讲师

学习"慢整理"课程后，我对亲子客厅进行了改造，给孩子布置了一个适合她学习成长的空间，这个客厅和以前有什么不一样呢？

现在，她看到喜欢的书就可以直接坐到旁边这张属于她的、舒服又漂亮的桌子前开始读，我的桌子就在她旁边，这样她就不会坐不住想找妈妈。看到了玩具柜上的玩具，孩子可以拉出来直接坐在地毯上玩，玩好了自己收回去，玩具分门别类有了自己的家，她也学会了玩具收纳。

而在这之前，书都放在柜子里，孩子不想去找；玩具都摊在地台上，孩子不想玩也不想去翻……"慢整理"带给我最大的改变，不是买了很多盒子把东西摆放整齐那么简单，而是给了我一把钥匙，让我打开了全新的生活方式和带娃方式。

——王可　全职妈妈

"慢整理"是我学过的在最短时间内收获最大的一门课程，有别于市面上所有"技术流"整理术，它帮你打通的是生活的底层逻辑。一旦学完，在生活中，你处处都可以善用整理的思维去解决问题。蚂小蚁老师曾说她的理想是做中国收纳整理教育，因此她传的是"道"，一旦掌握了"道"，生活的主动权便掌握在你的手中。

——**晓姐姐**　国企总经理秘书、国家二级心理咨询师

"慢整理"课程是陪伴式的训练营，真实是它的特点，其中不仅充满了老师自己上门服务的实际案例，也有来自学员们的真实反馈，这是接地气的生活智慧。"慢整理"课程告诉我要定期反思自己的生活。生活的力量、内心的平静不能通过"买买买"达成，但可以从反思和回顾中得来。通过整理自己当下所拥有的物品，我们就可以找到生活的重点，达到很好的状态。

——**狗侠**　数学老师

我从 2019 年开始关注蚂小蚁老师的公众号，当时我觉得这位老师有趣又有深度，能把我们在整理收纳过程中会遇到的卡点分析得透透的，令我十分佩服！后来我参加了她的"慢整理"线上课，在第一次听到"熵增定律"时就被深深吸引了。老师用生活中熟悉的事情做类比，同时对真实的案例故事进行剖析，层层递进地分析讲解了"道、法、术、器"，深入浅出又让人回味无穷！后来，我用课上讲到的方法不断练习，把 50 平方米的小家规划出了适合小孩子活动的亲子客厅，又在两年后搬家的时候，自己规划了新家的收纳方案，入住一年多，感觉新家处处都舒服顺手。然而，"慢整理"带给我的，不仅有舒适的居住环境，还有好的生活习惯、果断又清晰的决策能力和充满能量的生活态度。这是让我

和孩子一生受益的宝贵财富。

——**果果**　景观设计师、职业整理师

在"慢整理 15 期训练营"结束的时候，我非常庆幸自己做了入营的决定。3 个月的时间飞快过去，当初觉得少了灵魂的新家，经由我的一次次作业，似乎变成了杂志上才会有的样子。最可贵的是，通过对课程的学习，我已经不会被这种整齐的表象所迷惑——我知道这个系统背后的逻辑，我不再因一时的混乱而如临大敌，也了解了现状和我的理想目标之间有多远的距离，以及我要如何去实现我的目标。"慢整理"的方法，帮助我打理好我所拥有的物品；"慢整理"的思维，帮助我面对人生中更抽象的选择。蚂小蚁老师深耕整理和教育，团队老师也专业而友爱。

——**老桔**　医生、二孩妈妈

蚂小蚁老师的"慢整理"课程是我学习的最值得的付费课程，没有之一。课程从生活的底层逻辑去认识收纳和整理，由浅入深、抽丝剥茧地把生活展开，再按照使用的逻辑重新归纳和演绎，不仅解决了生活收纳的问题，还打开了一扇认知的窗。作为复训最多（已有 6 期）的老学员，"慢整理"让工作多年"紧绷"的我放松下来，跟着课程改变的不仅是环境和物品，还有面对纷繁变化能够保持沉着和宁静的心态。

——**七月**　国企中层管理人员

在 2021 年搬新家前后，我幸运地遇见了蚂小蚁老师，认识了一群真诚生活、热爱整理的小伙伴们。在听课、实践和社群陪伴中，我第一

次克服了无穷无尽的家务带来的无力感、挫败感和恐惧感，开始理解家居整理收纳背后的逻辑和系统，当时我内心的震撼至今依然清晰！我不仅学到了如何有效整理，还学到了为什么要如此整理，我再也不害怕整理、找东西、搬家和断舍离了。学习整理是个有选择、有策略、犯错也值得、努力会带来变化的行动过程。我愿意一直跟随拥有理性思维和工程思维、有温度又幽默的蚂小蚁老师，和"慢整理"的小伙伴们一起探索生活和家居，一起成长。

——小雨 Amy　博士后科研人员